分子科学者がやさしく解説する

地球温暖化Q&A181

熱・温度の正体から解き明かす

中田 宗隆 著

丸善出版

まえがき

これまでに，大学の物理化学の教科書を20冊ほど執筆してきました。読者の皆さんからは，“やさしすぎる”，“難しすぎる”，“わかりやすい”，“式の展開が不十分”など，さまざまな書評が届きました。結局，読者の皆さんのもっている知識の広さと深さによって評価が変わり，同じ読者でも，知識が増えるにしたがって，評価も変わるのでしょう。1冊の本で，すべての読者の皆さんに満足してもらうことは，とても難しいということがわかりました。それでも，この本をできるだけ多くの人に読んでもらい，内容を理解して欲しいと思っています。なぜならば，地球温暖化という，とても緊急で重要なテーマを扱っているからです。

この本の目的は三つあります。まずは，一般の皆さんが興味をもつ身近な熱や温度に関する現象を，分子や粒子の運動で説明することです。“気体の温度”と“固体や液体の温度”との違いを，高校生にもわかるやさしい言葉でていねいに説明しました。次に，大学で物理化学を学んだ学生さんに，物理化学の基礎知識が地球温暖化の原因の解明に役立つことを説明することです。量子化学，分子分光学，化学熱力学など，この本は物理化学の復習にも役立つと思います。最後に，地球温暖化に関する社会の流れをリードしてきた皆さんに，物理化学の基礎の重要性を知ってもらうことです。地球温暖化を分子や粒子の運動エネルギーで考えると，これまでとは異なる結論が得られるかもしれないからです。

なお，この本を出版するにあたって，丸善出版の皆さんには大変お世話になりました。この場をお借りして，感謝の意を表したいと思います。

2024年　初　春

中　田　宗　隆

目　次

序　章

最近，地球の温暖化が急速に進んでいるといわれています。氷河が融けたり，南極大陸やグリーンランドの氷が融けたりして，海水面が急速に上がり，南太平洋の一部の島々は水没するのではないかと危惧されています。“何とかしなければ”と思っている読者も多いのではないでしょうか。そのためには，地球温暖化の原因を正しく知る必要があります。

これまでにいわれていることを少しまとめてみましょう。地球の温度は，おおむね太陽から放射される光のエネルギーを受け取る量で決まります。当然のことですが，太陽に近い惑星ほど温度が高く，太陽から離れれば惑星の温度は低くなります。地球は太陽からちょうどよい距離で公転していて，ちょうどよい温度になっています。

地球は太陽から届く光のエネルギーのすべてを受け取っているわけではありません。地球のまわりには大気があります。大気は太陽光の一部を散乱して地表（地球の表面）への侵入を防ぎ，地球の温度を下げるはたらきをします。さらに，地表は地表に届く太陽光のすべてを吸収しているわけではなく，太陽光の一部を反射して宇宙にもどします。大気による散乱と地表による反射によって，地球を温める太陽光のエネルギーの約３割が減るといわれています。

じつは，地球は宇宙に向けて赤外線を放射しています。赤外線というのは電磁波の一種であり，これについては後ほど詳しく説明します。赤外線は光ほどではありませんが，やはり，エネルギーを伝搬します。そうすると，地球は赤外線を放射することによってエネルギーが減り，地球の温度は下がることになります。

結局，地球の温度は，太陽から受け取る光のエネルギー，大気によって散乱される光のエネルギー，地表によって反射される光のエネルギー，そして，地球が放射する赤外線のエネルギーのバランスを考えれば，おおむね見積もることができます。しかし，見積もった温度に比べて，実際の地球の温度は高いことがわかりました。この差が生じることを温室効果とよび，大気に含まれる水蒸気や二酸化炭素などのはたらきによるものと考えたわけです。

以上の説明は，地球，そして，大気を物質として考え，光や赤外線のエネルギーのやり取りによって，物質のエネルギーがどのように変化し，地球の温度がどのように変化するのかを考えたものです。読者の皆さんはよく知っていると思いますが，物質を細かく分けると，分子や原子でできています。地球や大気も物質なので，分子や原子でできています。そうすると，地球がエネルギーをやり取りするということは，地球を構成する分子や原子がエネルギーをやり取りすることを意味します。あるいは，大気の温度が上がったり下がったりするということは，大気を構成する分子や原子がエネルギーを受け取ったり放出したりすることを意味します。

この本では，地球温暖化を，地球や大気という物質のエネルギーではなく，地球や大気を構成する分子や原子の運動エネルギーで考えてみたいと思います。どのように違うのかというと，たとえば，冷たい北風が強く吹いているとしましょう。北風を物質として考えるならば，強く吹いているので，運動エネルギーが**大きい**ことを意味します。しかし，冷たいということは，北風を構成している分子や原子の運動エネルギーが**小さい**ことを意味します（1.5 節参照）。このように，大気の温度を考えるためには，物質のエネルギーではなく，分子や原子のエネルギーで考える必要があるのです。

もう一つ，注意しておきたいことがあります。すでに説明したように，地球は赤外線を放射しています。これを熱の放射といったりもします。でも，熱というエネルギーはなく，正確には，地球を構成する分子や原子が放射する赤外線のエネルギーのことです。高校生のときに，熱エネルギーを運動エネルギーや光エネルギーと別のエネルギーだと思った読者もいるかもしれません。あるいは，熱の伝導，熱の対流，熱の放射を学んだ読者もいるかもしれません。共通する言葉として“熱”を使いますが，熱あるいは熱エネルギーとは何だろうかと自問してみると，よくわからない読者も多いのではないでしょうか。

この本では，熱あるいは熱エネルギーを，分子，原子の運動エネルギーなどで説明します。そして，たとえば，大気の温度が熱エネルギーで 1 ℃上がったときに，大気を構成する分子や原子のどのような運動エネルギーが，どのくらい増えるのかをていねいに説明します。先ほどの北風の例でわかるように，大気の温度というのは，物質の運動エネルギーではなく，大気を構成する分子や原子の運動エネルギーの大きさを反映しているからです。そうすると，わずか約 0.04 %の二酸化炭素が，99.96 %を占める窒素，酸素，アルゴンの分子や原子の運動エネルギーを，本当に増やすことができるのでしょうか。また，二酸化炭素は，窒素や酸素やアルゴンを構成する分子や原子の運動エネルギーの一部を蓄えることができます。その結果，二酸化炭素を含む大気の温度は逆に上がりにくくなります。

以上のような説明をすると，何か変だと感じる読者もいるかもしれませんね。しかし，この本でこれから説明する内容は，ほとんどの物理化学の教科書にのっている内容を，たんに，わかりやすく解説しただけのものです。どの物理化学の教科書でも構いません。興味をもった読者，あるいは，疑問に思った読者は，ぜひ，物理化学の基礎を勉強することをお勧めします。そうすると，地球温暖化に対する見方が変わってくるのではないでしょうか。

第 I 部

熱や温度に関する身近な自然現象

1章　大気の温度は分子の運動を反映する

この章では，“温度”とは何かを説明します。そして，同じ温度でも，大気（気体）と地表（固体）では，反映される分子あるいは粒子の運動の種類が違うことを理解します。また，曖昧のまま使われていることが多い“熱”あるいは“熱エネルギー”をわかりやすく説明します。

1.1　気温を測る条件とは

Q 1　気温はどのような状態で測るのですか？

毎日，テレビやラジオの天気予報では，“明日の最高気温は20℃で，今日よりも2℃下がるでしょう”などと伝えられています。このときに使われる**気温**とは，大気の温度のことです。大気の“気”と温度の“温”をつなげて，気温とよびます。気温はどのようにして測るのか，知っていますか。適当なところに温度計を置いて測っているわけではありません。ちゃんと気温を測るためのルールが決められています。具体的には，**地表から約1.5メートルの位置で，風通しのよい，直射日光の当たらない状態**で測ることになっています。知っている読者も多いと思いますが，**百葉箱**（図1.1）という専用の箱の中の温度計

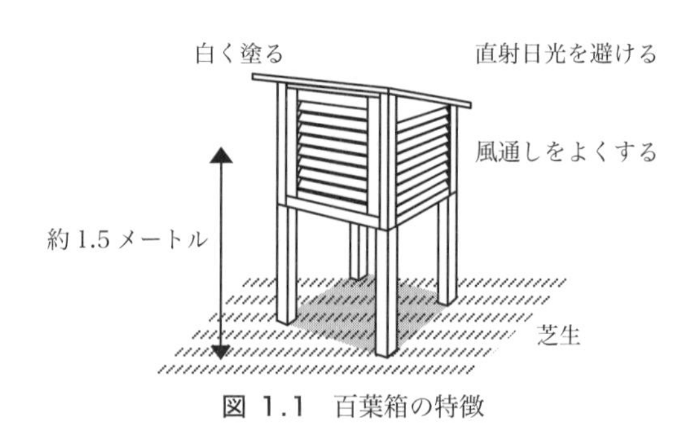

図 1.1　百葉箱の特徴

で気温を測ります。百葉箱は白く塗られていて，隙間のあるたくさんの板でつくられています。ふつうは，百葉箱は芝生の上に置かれています。

Q 2　どうして地表から 1.5 メートルの位置で測るのですか？

百葉箱は約 1.5 メートルの高さになるように，足が取りつけられています。どうして高さ 1.5 メートルの位置で気温を測るのかというと，大気の温度は地表からの位置に依存するからです。どうして大気の温度が地表からの位置に依存するのかというと，大気の温度は地表から受け取るエネルギーの量によって決まるからです。地表から離れるにつれて，地表から受け取るエネルギーの量がしだいに少なくなり，大気の温度はしだいに低くなります。これについては 1.6 節で詳しく説明します。いずれにしても，さまざまな地点の気温を比較するためには，同じように，**地表から約 1.5 メートルの位置**で測る必要があります。

Q 3　どうして風通しのよい状態で測るのですか？

気温は百葉箱の中の大気の温度ではなく，百葉箱のまわりの大気の温度なので，まわりの大気が百葉箱の中の大気とつねに入れ替わっている必要があります。隙間のない密閉した箱では，箱の中の温度がまわりの大気の温度と異なってしまいます。そこで，百葉箱は隙間のある板で，**風通しのよい状態**になるようにつくられています。もしも風が強いと，気温に影響を与えそうな気がしませんか。大丈夫です。風速が気温に影響しないことは 1.5 節で説明します。

Q 4　どうして百葉箱は白く塗られているのですか？

太陽の光（日光）にはエネルギーがあります（2.2 節参照）。つまり，直射日光が温度計に当たって吸収されると，**光エネルギー**のために，温度計の示す温度が上がってしまいます。そこで，温度計を百葉箱の中に入れて，**直射日光が当たらない状態**で気温を測ります。また，太陽の光が百葉箱に当たって吸収されると，百葉箱そのものの温度が上がり，その中の大気の温度も上がります。そこで，太陽の光の影響をできるだけ受けないように，百葉箱を**白く塗り**

ます。3.2 節で詳しく説明しますが，白色の物体は，ほとんどの光を反射して吸収しません。また，百葉箱をアスファルトなどの地表に設置すると，地表で反射された太陽の光が百葉箱に当たってしまいます。百葉箱にはできるだけ太陽の光を当てたくないので，普通は，太陽の光の反射の少ない**芝生の上**などに百葉箱を設置します。百葉箱の温度が太陽の光の影響を受けなければ，百葉箱の中の温度計で気温を正確に測ることができます。

1.2 大気の温度を分子の運動で考える

Q 5 大気は何でできていますか？

大気は気体の混合物です。水蒸気を除けば，約 78 %の窒素の気体と，約 21 %の酸素の気体と，約 1 %のアルゴンの気体でできています。それぞれの気体は均一に混ざっていて，この付近には窒素が多いとか，この付近には酸素が多いとかいうことはありません。どうして均一に混ざることができるのかというと，それぞれの気体が数え切れないほどの膨大な数の N_2 分子，O_2 分子，Ar 原子でできているからです。気体を構成する分子や原子は空間を自由に動くので，大気は気体の混合物であっても均一になります。

なお，この本では，**気体の性質を説明するときには“窒素”や“酸素”のように日本語で書き，気体を構成する分子の性質を説明するときには“N_2 分子”や“O_2 分子”のように元素記号を使って書くことにします。**

Q 6 分子や原子の大きさはどのくらいですか？

窒素や酸素などの気体は透明で見えないので，本当にそこにあるのかどうかはわかりません。色のついている気体（たとえば，二酸化窒素）ならば，そこに気体のあることがわかります。一方，分子や原子は根本的に小さくて，どのような分子や原子でも肉眼で見ることはできません。肉眼で見ることができる大きさは，約 0.1 ミリメートル（100 マイクロメートル）といわれています。髪の毛の太さぐらいでしょうか。顕微鏡を使っても，肉眼で見ることができる大きさは，0.1 マイクロメートル（100 ナノメートル）が限界となります。分子や原子の大きさは，さらに，その千分の 1 ぐらいなので，0.1 ナノメートルです。もはや肉眼で見ることはできませんが，気体を含め，すべての物質は分子や原子でできています。

Q 7　気体はどのくらいの数の分子を含みますか？

たとえば，室温（25 ℃）で，体積が 25 リットル（約 30 cm×30 cm×30 cm）の気体を考えてみましょう。目には見えないので，数えることはできませんが，さまざまな実験の結果，この中には，約 6×10^{23} 個もの莫大な数の分子が入っていることがわかっています。およそ 1 兆の，さらに，その 1 兆倍という数え切れないほどの分子があります。しかも，分子は動いています。遅い分子もあれば，速い分子もあります。また，分子が動く方向は決まっておらず，さまざまな方向に動いています。

Q 8　気体を構成する分子が動いている証拠はありますか？

25 リットルの容器の中の気体で，仮にすべての分子が止まっているとしましょう。そうすると，その体積は 1 万分の 1 に圧縮されます（139 ページ，補足 1）。これは固体の状態です。しかし，気体を構成する分子は空間を自由に動いているので，気体の体積は 25 リットルになります。また，大気を構成する分子は，私たちの身体に衝突していて，1 気圧の圧力（**大気圧**）になっています。そのおかげで，私たちは大気の中で生命活動を維持することができます。もしも，大気を構成する分子が止まっていれば，息をすることもできませんよね。

Q 9　気体を構成する分子の速さはどのくらいですか？

分子はさまざまな方向に動いていて，分子同士が衝突したときに，エネルギーをやり取りします。その結果，個々の分子の速さも方向も刻一刻と変化します。しかし，気体の温度が一定ならば，気体を構成する分子の**平均の速さ**は一定の値になります。たとえば，室温（25 ℃）で，N_2 分子や O_2 分子の平均の速さは，新幹線の最高速度の約6倍にあたる時速1800キロメートルです(139ページ，補足2)。このような高速で分子が身体にぶつかると，痛そうですよね。しかし，分子の質量（約5×10^{-26} kg）はとても小さいので，私たちは大気を構成するN_2分子やO_2分子の存在を意識することはありません。

Q 10　低温の気体と高温の気体で何が違うのですか？

分子を○で表して，気体を模式的に描くと，図1.2のようになります。本当は，気体を立体的に描く必要がありますが，ここでは，簡単に，平面的に描き，分子の運動を矢印（→）で表しました。温度が低い気体では，分子はゆっくり動くので，矢印の長さを全体的に短く描きました（図1.2a)。一方，温度が高い気体では，分子は速く動くので，矢印の長さを全体的に長く描きました（図1.2b)。気体の温度は分子が空間を移動する運動エネルギーを反映します。

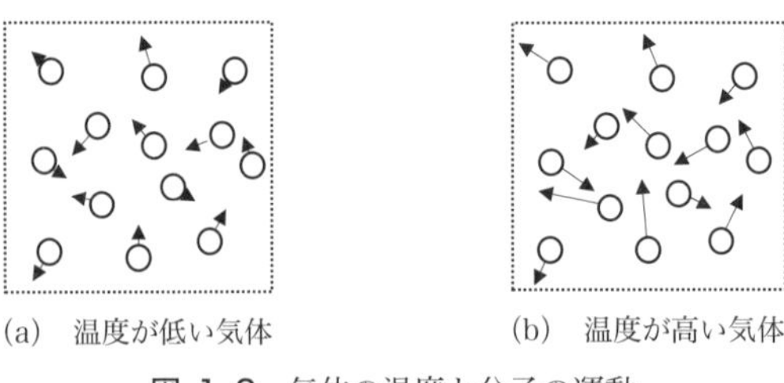

図 1.2　気体の温度と分子の運動

1.3　地表の温度を粒子の運動で考える

Q 11　地表は何でできていますか？

地球の表面のことを**地表**といいます。地球の“地”と表面の“表”をつなげて，地表とよびます。地表を大きく分けると，**海洋**と**陸地**になります。地球の表面積は約5×10^8平方キロメートルであり，そのうち，陸地は約1.5×10^8平方キロメートルといわれています。気体の混合物である大気に比べると，地表の成分はかなり複雑で，さまざまな状態のさまざまな物質からできています。

以降，説明をわかりやすくするために，**地表を単純化して，物質の状態が固体であるとして説明します**。また，固体を細かく分けると原子や分子やイオンなどさまざまですが，**固体を構成する最小単位のことを，総称して“粒子”とよぶことにします**。

Q 12　固体の中で粒子は動いていますか？

固体を構成する粒子は，互いに強く結合しています。高校で習った読者もいると思いますが，共有結合だったり，イオン結合だったり，金属結合だったり，水素結合だったりします。とくに，結晶では粒子が規則的に整然と並んでいます。固体は，ちょうど，たくさんのビー玉を箱に詰め込んだようなものだとイメージするとよいでしょう。固体を構成する粒子は，まわりをほかの粒子で囲まれているので，気体を構成する分子と比べると，とても窮屈な状態にあります。つまり，空間を自由に動くことはほとんどできません。しかし，粒子は完全に止まっているかというと，そうでもありません。まるで，粒子と粒子がばねでつながれているかのように，粒子と粒子の結合の距離が，つねに，わずかに伸びたり縮んだりしています。この運動を**振動運動**といいます。とくに，結晶の場合には**格子振動**といい，結晶以外の固体の場合には，一般的に，**粒子間振動**といいます。

Q 13　低温の固体と高温の固体で何が違うのですか？

すでに説明したように，物質の温度は物質を構成する分子や粒子の運動エネルギーを反映します。図 1.3 には，固体の中の粒子の運動を模式的に描きました。温度が低い固体の中では，粒子はゆっくり動くので，矢印の長さを全体的に短く描きました（図 1.3a）。一方，温度が高い固体の中では，粒子は速く動くので，矢印の長さを全体的に長く描きました（図 1.3b）。

この本では，このような固体を構成する粒子の運動エネルギーを，**粒子間の振動エネルギー**とよぶことにします。つまり，粒子間の振動エネルギーが小さければ，固体の温度が低いことを表し，粒子間の振動エネルギーが大きければ，固体の温度が高いことを表します。

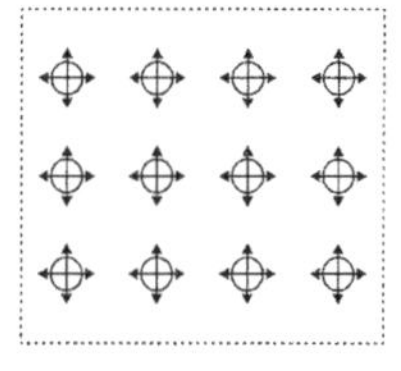

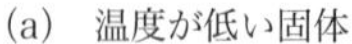

(a)　温度が低い固体

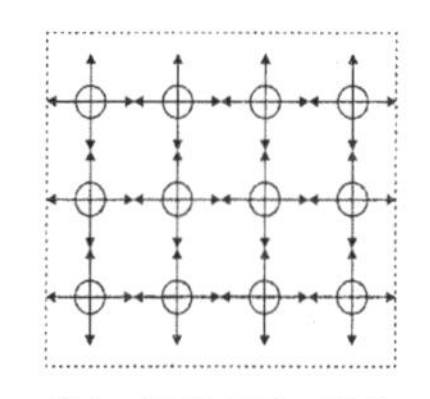

(b)　温度が高い固体

図 1.3　固体の温度と粒子の粒子間振動

1.4　地表から大気へエネルギーが移動する

Q 14　地表のエネルギーはどのようにして大気へ伝わるのですか？

すでに1.2節で説明したように，大気は膨大な数の分子によって構成されていて，その中には，地表に向かって動いて，地表と衝突する分子もたくさんあります。地表と衝突した分子は，地表を構成する粒子に跳ね返されるときに，地表からエネルギーを受け取ることができます。まるで，地表を構成する粒子が野球のバットで，大気を構成する分子がボールで，バットでボールを打ち返しているようなものですね。バットからエネルギーを受け取ると，ボールは速く飛ぶようになります。

Q 15　大気が受け取るエネルギーは熱エネルギーですか？

熱とか**熱エネルギー**はとてもわかりにくい言葉なので，少していねいに説明します。大気が地表によって温められるときに，地表を構成する粒子の粒子間の振動エネルギー（1.3節参照）が，大気を構成する分子の運動エネルギー（1.2節参照）に変わります。“物質から物質へ移動するエネルギー”を総称して熱エネルギーというので，“大気は地表から熱エネルギーを受け取る”と表現することもできます。あるいは，地表から大気への**熱の伝導**ともいいます。

この本では，運動エネルギーだけでなく，**どのような種類のエネルギーでも，物質から物質へ移動するエネルギーを熱エネルギーと定義して**説明します。

Q 16　移動するエネルギーが熱エネルギーですね？

移動するエネルギー（熱エネルギー）の例をいくつかあげてみましょう。石油ストーブで灯油を燃やすと暖かいですよね。この場合には，灯油の成分（炭化水素）が酸化されて，放出される**化学エネルギー**が大気を構成する分子の運動エネルギーに変わります。また，電気ストーブでは，**電気エネルギー**が大気を構成する分子の運動エネルギーに変わります。ストーブから大気へ移動するエネルギーが熱エネルギーです。あるいは，電子レンジで食品を温めるときには，電子レンジから放射される**電磁波のエネルギー**が，食品を構成する粒子の運動エネルギーに変わります（8.2 節参照）。電子レンジから食品へ移動するエネルギーが熱エネルギーです（図 1.4）。なお，赤外線のように，物質から空間へ，あるいは，空間から物質へ移動するエネルギーも，熱エネルギーとよぶことがあります。たとえば，物質が赤外線を放射することを**発熱**（あるいは**熱の放射**）といい，物質が赤外線を吸収することを**吸熱**ともいいます。しかし，混乱を避けるために，この本では，**赤外線のエネルギーを熱エネルギーと区別して，そのまま"赤外線のエネルギー"とよぶ**ことにします。

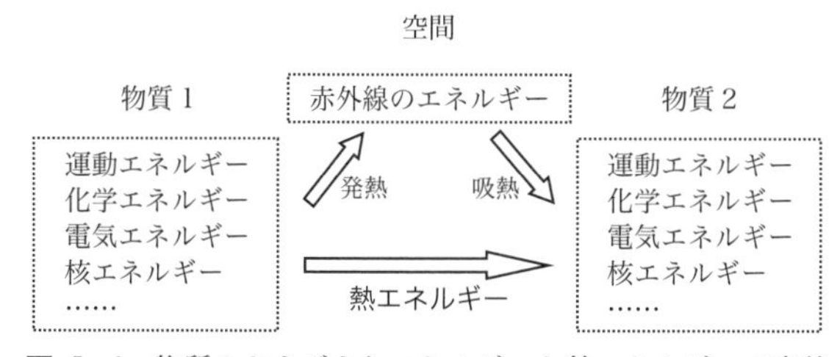

図 1.4　物質のさまざまなエネルギーと熱エネルギーの定義

Q 17　"熱素"という言葉を聞いたことがありますが，何ですか？

昔は，熱エネルギーを"移動するエネルギー"と考えずに，物質そのものの一部が熱でできていると考えたことがありました。そのために，**熱素**なるものが仮定されました。熱素をたくさん含む物質の温度は高く，熱素を放出すると温度が低くなると考えたのです。物質の最小単位が分子や原子のような"元素”であるように，熱エネルギーの最小単位が“熱素”であると仮定したのです。しかし，現在では，このような考え方は否定されています。なお，1.3節で説明したように，固体を構成する粒子は振動運動をしています。この運動を**熱振動**とよぶこともありますが，エネルギーが移動していないので，この本では“粒子間振動”とよびます。

Q 18　大気の温度はどのようにして決まるのですか？

大気の温度はおおむね地表の温度で決まります。たとえば，冬が寒い理由は，地表の温度が低く，大気が地表から受け取るエネルギー（熱エネルギー）が少ないからです（図1.5a）。逆に，夏が暑い理由は，地表の温度が高く，大気が地表から受け取るエネルギー（熱エネルギー）が多いからです（図1.5b）。夏と冬の温度の違いについては，2.5節でも詳しく説明します。すでに説明したように，熱エネルギーとは“移動するエネルギー”なので，この本では，熱エネルギーを矢印（⇨）で描きます。また，熱エネルギーの量（熱量）が多いか少ないかを，矢印の長さや太さで表します。数学で習うベクトルと同じように，熱エネルギーには方向と大きさがあります。

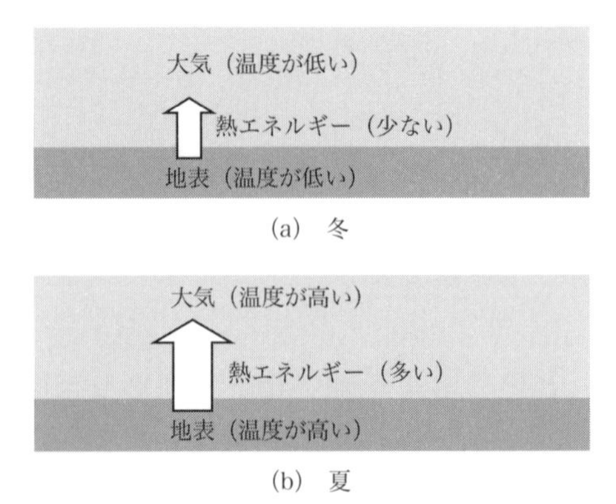

図 1.5　地表から受け取る熱エネルギーの量と大気の温度

1.5　北風は冷たく，南風は温かい

Q 19　風全体の運動と分子の運動は違うのですか？

気体全体（物質）が空間を動く運動と，気体を構成する個々の分子が空間を動く運動は異なるので，それらを明確に区別して考える必要があります。どういうことか，風の例で説明してみましょう。図 1.6 では，風速が秒速 5 メートル（$5\,\mathrm{m\,s^{-1}}$）の冷たい北風と，風速が秒速 1 メートル（$1\,\mathrm{m\,s^{-1}}$）の温かい南風を比較しました。風全体を点線の四角で表し，風全体が空間を動く運動を太い矢印（⇨）で表しました。北風と南風では風全体の運動の方向が逆なので，矢印の向きを逆にしました。また，風速の大きい北風の運動を表す矢印を大きく描き（図 1.6a），風速の小さい南風の運動を表す矢印を小さく描きました（図 1.6b）。矢印の大きさが風全体の運動の速さを表します。ただし，風の

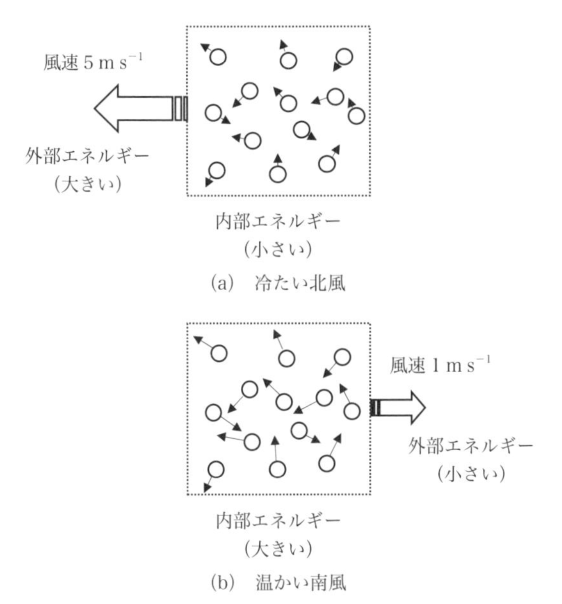

図 1.6　風全体の運動（⇨）と分子の運動（→）

速さは分子の平均の速さである時速1800キロメートル（秒速500メートル）の百分の1程度なので，風の速さを表す矢印（⇨）の大きさを，実際には，分子の速さを表す矢印（→）の大きさの百分の1程度に小さく描く必要があります。しかし，説明をわかりやすくするために，図1.6では，風の速さを表す矢印を，分子の速さを表す矢印よりも極端に大きく描きました。

Q 20　分子は風の中でどのような運動をしていますか？

風（図1.6の点線の四角）の中で，分子はさまざまな方向に自由に動いています。そこで，分子の動きを表す矢印（→）の向きを，さまざまな方向に描きました。風の向き（⇨）とは逆の方向に動く分子もあります。また，1.2節で説明したように，気体の温度は気体を構成する分子の運動エネルギーを反映するので，冷たい北風の中の分子の矢印は全体的に短く描き，温かい南風の中の分子の矢印は全体的に長く描きました。まるで，駅に向かって走っている電車の中で，乗客がさまざまな方向に歩いているようなものですね。電車が風全体に相当し，乗客が風を構成する分子に相当します。車内の温度は電車の進行方向や速さには関係なく，乗客の数や動きなどで決まります。

Q 21　風速は温度に反映されないのですか？

風全体（図1.6の点線の四角）が空間を移動する運動エネルギーを**外部エネルギー**といいます。一方，分子は点線の四角の中で移動するので，分子の運動エネルギーを**内部エネルギー**といいます。図1.6の北風の外部エネルギーは南風に比べて大きいけれども，内部エネルギーは小さいという意味です。1.1節では，気温を測るときには，**風通しのよい状態**で測ると説明しました。風速が大きいと，風全体の運動エネルギーが大きいので，気温が実際よりも高くなりそうな気がしませんか。大丈夫です。風速（外部エネルギー）は気温の測定にほとんど影響しません。電車の速度が車内の温度に影響しないことと同じですね。このように理解すると，**地球温暖化を防ぐためには，たんに，大気のエネルギーを減らせばよいのではなく，大気を構成する個々の分子の運動エネルギー（内部エネルギー）を減らす必要がある**ことがわかりますね。

1.6 山頂は寒く，山麓は暖かい

Q 22 どうして山に登ると寒いのですか？

よく知られているように，標高が 100 メートル高くなるにつれて，気温は 0.6 ℃ずつ下がります。そうすると，たとえば，富士山の山頂（3776 m）の気温は，山麓の気温と比べて約 20 ℃も低くなります。どうして標高が高くなるにつれて，気温が下がるのかというと，地表から離れるにつれて，大気が地表から受け取るエネルギーの量が少なくなるからです。1.4 節で説明したように，地表付近の大気を構成する分子は，まず，地表と衝突して，粒子間の振動エネルギーを受け取ります。その後，大気の中で分子同士の衝突を繰り返して，まるで伝言ゲームのように，運動エネルギーを地表付近から上空へと伝えます。ただし，分子はすべての運動エネルギーを伝えるわけではありません。地表から離れるにつれて，受け取る運動エネルギーはしだいに少なくなります（図 1.7）。

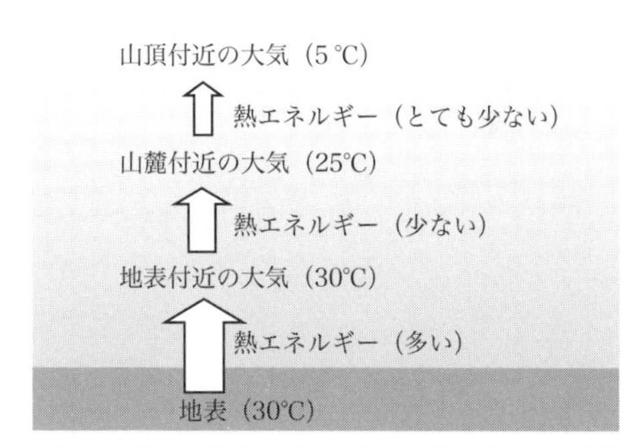

図 1.7 分子の運動エネルギーの移動と大気の温度

Q 23 大気の温度は大気の密度に関係するのですか？

標高が高くなるにつれて，分子の受け取る運動エネルギーの量がしだいに少なくなる理由を，もう少していねいに考えてみましょう。地球の重力は地球の中心から離れるにつれて小さくなります。重力が小さくなると，標高の高いところの大気の密度は，標高の低いところの大気の密度よりも小さくなります。密度が小さくなるということは，単位体積に含まれる分子の数が少なくなることを意味します。分子の数が少なくなれば，分子同士が衝突する機会も減り，運動エネルギーが伝わりにくくなります。速く動く分子が増えにくくなるということです。大気の温度は分子の運動エネルギーを反映するので，地表からの距離が同じ 1.5 メートルの位置でも，標高が高くなるにつれて，大気の密度が小さくなり，分子同士が衝突する機会が少なくなり，大気の温度がしだいに下がります。

Q 24　上空への運動エネルギーの移動は“熱の伝導”ですか？

物質である大気そのものが空間を移動することなく，大気の中で分子から分子へ運動エネルギーが移動する場合には，1.3 節で説明した“熱の伝導”に相当します。もしも，上昇気流のように，物質である大気そのものが，空間を移動しながらエネルギーを移動させる場合には，**熱の対流**といいます。物質が空間を移動していれば“熱の対流”であり，物質が空間を移動していなければ“熱の伝導”になります。

Q 25　宇宙の温度はどのくらいですか？

宇宙はほとんど真空です。わずかに水素がありますが，H 原子の数は 160 リットル（約 55 cm×55 cm×55 cm）の体積の中に約 1 個といわれています。言い換えると，宇宙には分子の運動エネルギーがほとんどありません。その結果，宇宙の温度はほとんど**絶対零度**（−273 ℃）になります。ただし，宇宙には“宇宙マイクロ波背景放射”とよばれる電磁波が充満しています。知っている読者も多いと思いますが，宇宙が誕生したとき（ビッグバン）に，宇宙全体に電磁波が広がったといわれています。その電磁波のエネルギー（2.2 節参照）を測定すると，宇宙の温度は約−270 ℃になります。また，太陽に向かって，太陽から放射される電磁波のエネルギーを測定すれば，宇宙の温度は超高温になります。同じように“温度”と表現しても，どのようなエネルギーを反映する温度であるか，注意する必要があります。1.1節では，気温を測るときには，**直射日光の当たらない状態**で測ると説明しました。気温は電磁波のエネルギーではなく，あくまでも，大気を構成する個々の分子が空間を移動する運動エネルギーを反映します。

1.7　アルコール温度計で気温を測る

Q 26　どうしてアルコール温度計は赤いのですか？

アルコール温度計は細いガラス管でできていて，その中に液体のアルコールが密封されています。アルコールの代わりに灯油を使うこともあります。アルコールや灯油は透明な液体なので，高さがよく見えません。そこで，赤色の色素をわずかに溶かして，アルコールや灯油の高さが示す温度表示を見やすくしています。

Q 27　大気のエネルギーがアルコールに伝わるのですか？

大気を構成する膨大な数の分子は，空間を高速で動いていて，つねにアルコール温度計のガラス管と衝突しています。衝突すると，大気を構成する分子とガラス管を構成する粒子は，エネルギーをやり取りします。つまり，大気を構成する分子の運動エネルギーが，ガラス管を構成する粒子の粒子間の振動エネルギーに変わります。さらに，粒子間の振動エネルギーは，ガラス管の中のアルコールの分子に移動します。アルコールの分子はエネルギーを受け取ると，そのエネルギーを運動エネルギーに変えます。

Q 28　どうしてアルコールの高さが温度で変わるのですか？

気温が低いということは，大気を構成する分子の運動エネルギーが小さいことを意味します（1.2節参照）。そうすると，アルコール温度計のガラス管の粒子に移動するエネルギーも少なく，その結果，アルコールの分子もゆっくり運動をします（図1.8a）。この場合には，アルコールの体積は少しだけ増えます。一方，気温が高いと，同様のエネルギー移動の過程を経て，アルコールの分子は活発に運動をします（図 1.8b）。この場合には，アルコールの体積はかなり増えます。アルコールの入っている固体の細いガラス管は，液体のアルコールに比べて，ほとんど膨張しません。その結果，アルコールの体積の変化がアルコールの高さ（赤色の温度表示）の変化になり，アルコールの高さから温度の変化がわかります。あらかじめ，温度がどのくらいのときに，アルコール温度計の赤色の温度表示がどのくらいの高さなのかを決めておけば，気温を測ることができますね。

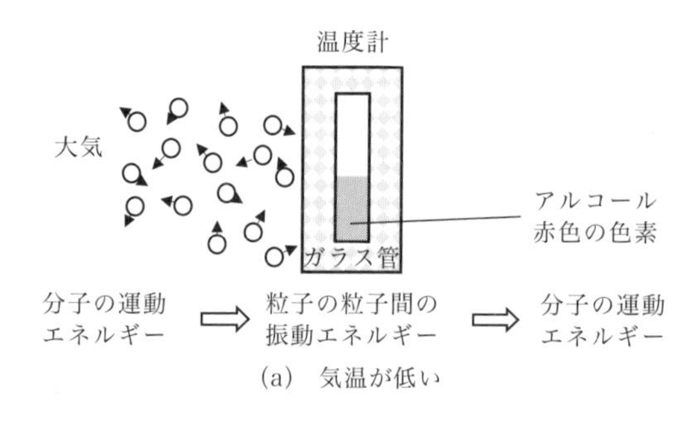

(a) 気温が低い

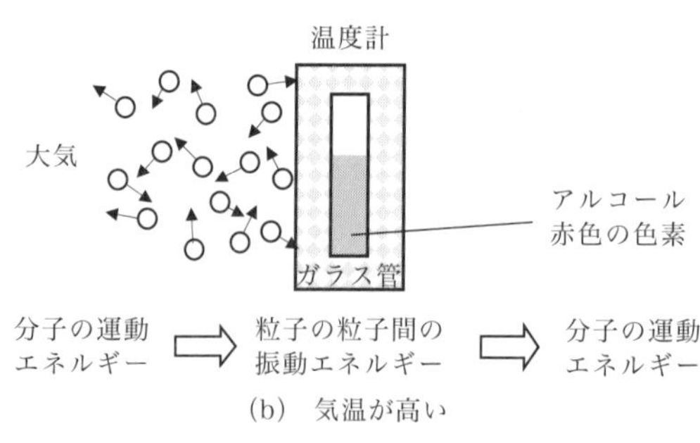

(b) 気温が高い

図 1.8 大気からアルコール温度計へのエネルギー移動

1章のまとめ

1. 物質の温度は，物質を構成する分子あるいは粒子のエネルギーを反映します。
2. 熱エネルギーは，物質から物質へ移動するエネルギーを表します。熱エネルギーには方向と大きさがあります。
3. 大気（気体）の温度は，大気を構成する個々の分子の運動エネルギーを反映します。
4. 地表（固体）の温度は，地表を構成する粒子の粒子間の振動エネルギーを反映します。
5. 大気の運動には，大気そのものが動く運動と，大気の内部で個々の分子が動く運動があります。前者を外部エネルギーといい，後者を内部エネルギーといいます。
6. 地表付近の大気の温度は，大気を構成する分子が地表と衝突して，地表から受け取るエネルギーの量を反映します。
7. 標高の高いところの大気を構成する分子の分子間の衝突の機会は，標高の低いところの大気よりも少なく，地表から受け取るエネルギーの量が少なくなります。
8. アルコール温度計は，大気を構成する分子の運動エネルギーが，アルコールの分子の運動エネルギーに変わり，アルコールの体積の変動が温度表示となります。

2章　地表を温める エネルギー源がある

この章では，地表を温めるさまざまなエネルギー源を調べます。大気の温度は，おおむね地表の温度によって決まっているからです。とくに，太陽から届く光のエネルギーが重要な役割を果たしているので，地表がどのくらいの光エネルギーをどのように受け取るのかを調べます。

2.1　地表は地球の内部からも温まる

Q 29　大気の温度は地表の温度で決まるのですか？

図1.5で示したように，地表の温度が低ければ大気の温度も低く，地表の温度が高ければ大気の温度も高くなります。そうすると，地表の温度がどのようにして決まるのか，気になりますよね。地表が固体でできているとしましょう。すでに1.3節で説明したように，地表にエネルギーが供給されると，それが地表を構成する粒子の粒子間の振動エネルギーに変わります。粒子間の振動エネルギーが小さければ，地表の温度は低く，粒子間の振動エネルギーが大きければ，地表の温度は高くなります。3章で詳しく説明するように，**地表に供給されるエネルギーを減らすことは，地球温暖化を防ぐ方法の一つになります。**

Q 30　地球の中心は高温ですか？

地球の中心には**コア**（核）があります。コアの中心温度は約6000℃と推定されています。太陽の表面温度とほとんど同じなので，まるで，地球の中心に小さな太陽があるようなものですね。どうしてコアがこのような高温になっているのかというと，地球が誕生したころに，莫大なエネルギーが集まって流体になっていた物質が，固まるときにエネルギーを放出しているためであるといわれています。また，原子核が**放射線**を出しながら，ほかの種類の原子核に変化する**核反応**が起こっているという説もあります。この核反応を**放射壊変**といいます。放射線というのは，とてもエネルギーの大きい**電磁波**や**粒子線**のことです。電磁波については，2.2節で詳しく説明します。粒子線というのは，ヘリウムの原子核の流れであるα線（アルファ線）や，電子の流れであるβ線（ベータ線）など，さまざまなものがあります。いずれにしても，放射壊変が起こると，膨大なエネルギー（**核エネルギー**）が放出されます。

Q 31　コアのエネルギーはどのようにして地表へ伝わるのですか？

コアが放出するエネルギーは，まず，コアのまわりにあるマントルに伝わります（図2.1）。マントルは水素や炭素などを含む鉄やニッケルなどの化合物からできていて固体です。しかし，膨大なエネルギーをコアから受け取り，また，マントル内部の放射壊変によって内部エネルギーが増えて高温となり，外部エネルギーが増えて固体のまま流動します。マントルの温度はコア付近では約4000℃ですが，地殻にエネルギーを渡すと，約2000℃に下がります。逆に，地殻はマントルからエネルギーを受け取り，温度が上がります。そして，マントルや地殻の一部が融けるとマグマになり，マグマが地表から放出されると溶岩になります。もしも，地球内部の放射壊変が衰えると，地表へ供給されるエネルギーが減り，地表からエネルギーを受け取る大気の温度も下がることになります。

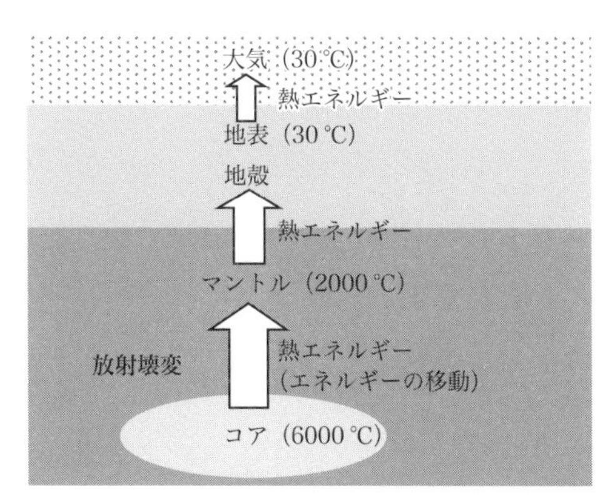

図 2.1　コアから地表へのエネルギー移動と大気の温度

Q 32　北極圏にあるアイスランドの冬はどうして暖かいのですか？

アイスランドは，同じ緯度の地域と比べて，冬の気候が温暖です。その理由として考えられているのが，近くを暖流が流れていることのほかに，活火山がたくさんあるためだといわれています。マグマが地表付近まで近づき，地表を温め，温泉もたくさんあります。アイスランドのレイキャビックの冬の平均気温は約1℃であり，フィンランドのヘルシンキの冬の平均気温（約−5℃）よりも高くなっています。

2.2　電磁波はエネルギーを移動させる

Q 33　電磁波とは何ですか？

たとえば，太陽の光は電磁波です。電磁波は電場と磁場が互いに誘導しながら空間を進む横波です。図2.2では，縦軸に電場または磁場の大きさをとり，横軸に位置をとって，電磁波を2次元のグラフで表しました。電場または磁場が高くなった位置と，次に高くなる位置までの長さを電磁波の**波長**とよびます。また，波長の逆数を**波数**といいます。波数は1 cmあたりの波の高い位置（あるいは低い位置）の数を表します。1 cmに波の高い位置が四つあれば，波長は0.25 cmであり，波数は4 cm^{-1}となります。単位のcm^{-1}は“1センチメートルあたり”を表します。

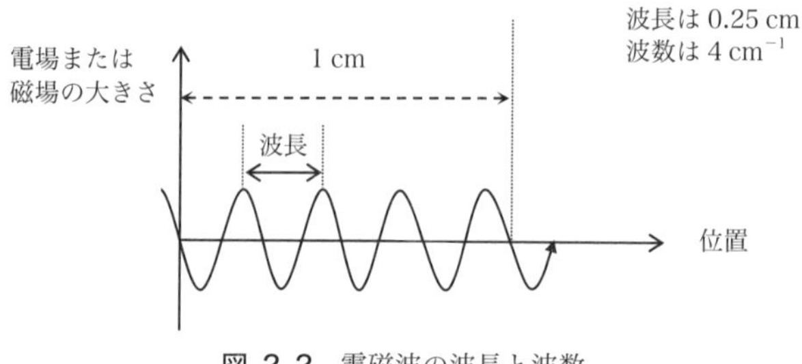

図 2.2　電磁波の波長と波数

Q 34　電磁波の振動数とは何ですか？

ある位置で，通りすぎる電磁波の電場または磁場の大きさの時間変化を観測して，時間を横軸にして，電磁波のグラフを描くこともできます（図 2.3)。電場または磁場が高くなった時間と，次に高くなるまでの時間の差を**周期**とよびます。また，周期の逆数を**振動数**といいます。振動数は 1 秒（1 s）の間に通りすぎる波の高い時間（あるいは低い時間）の数を表します。1 s に波の高い時間が四つあれば，周期は 0.25 s であり，振動数は 4 s^{-1} になります。単位の s^{-1} は“1 秒あたり”を表します。

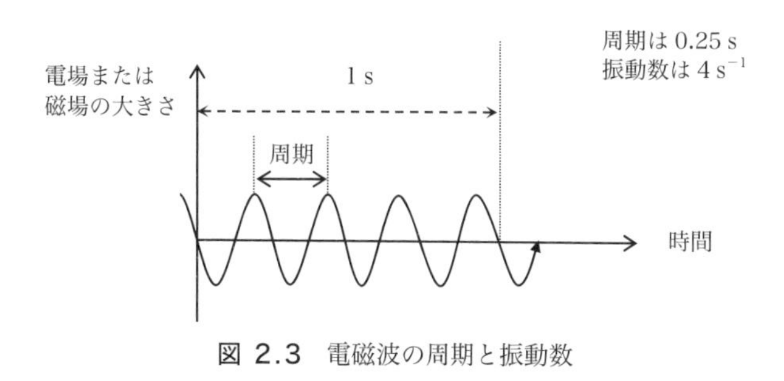

図 2.3　電磁波の周期と振動数

Q 35　電磁波にはどのような種類がありますか？

電磁波は，振動数（あるいは波長）の違いによって，名前が変わります。振動数の低い（あるいは波長の長い）電磁波から順番に，電波，赤外線，可視光線，紫外線，X 線とよばれます。電波（ラジオ波やマイクロ波）や赤外線は通信手段として使われることがあります。その場合には，振動数のことを**周波数**とよび，単位の s^{-1} を Hz（ヘルツ）と書くこともあります。“あるラジオ放送局の周波数は 594 キロヘルツ”などといいます。また，可視光線は人間の目に見える電磁波であり，たんに，**光**ということもあります。代表的な可視光線は虹の七色の赤，橙，黄，緑，青，藍，紫です。この順番に振動数は高くなり，波長は短くなります。紫外線は夏に日焼けする原因となる電磁波です。X 線は胸のレントゲン写真などを撮るときの電磁波です。

Q 36　電磁波にはエネルギーがあるのですか？

量子論では，電磁波をエネルギーの粒のように扱います。光の場合には，“原子”のように**光子**とよびます。“子”という字が粒子であることを表します。電磁波のエネルギーは振動数に比例して大きくなります。たとえば，赤色の光ならば1秒間に約 4×10^{14} 回も振動し，青色の光ならば約 6×10^{14} 回も振動します。つまり，振動数は1.5倍になります。そうすると，1個の青色の光のエネルギーは，1個の赤色の光の1.5倍になります。また，赤外線は赤色の光よりもエネルギーが小さく，紫外線は紫色の光よりもエネルギーが大きくなります。紫外線のエネルギーは大きいので，皮膚が化学反応を起こして日焼けしたり，あるいは，殺菌に使われたりします。X線や，X線よりも振動数が高く，エネルギーが大きい電磁波を，放射線あるいは γ 線（ガンマ線）とよぶこともあります（2.1節参照）。なお，1個の青色の光のエネルギーは2個の赤色の光のエネルギーよりも小さくなります。電磁波のエネルギーというときには，1個の光子のエネルギーのことなのか，光全体のエネルギーのことなのか，注意が必要です。

2.3　太陽は赤く輝き，シリウスは青白く輝く

Q 37　太陽は赤色ですか，橙色ですか？

太陽から放射される電磁波の強度は，電磁波の種類（振動数あるいは波長）によって異なります。電磁波の振動数を横軸にとり，縦軸に相対強度をとったグラフのことを**強度分布**といいます。太陽（6000 ℃）から放射される電磁波の強度分布を次ページの図2.4aに示しました（139ページ，補足3）。赤外線から可視光線に近づく（グラフを原点から右に進む）につれて，相対強度がしだいに大きくなり，赤色の光の付近で相対強度は最大になります。ただし，人間の目の感度は，赤色の光よりも橙色の光のほうが高いことが知られています。つまり，1個の赤色の光と1個の橙色の光を比べると，橙色の光のほうが

まぶしく見えます。幼稚園の子どもは太陽を赤色のクレヨンで描くこともありますが，橙色に描く子どもも多いですよね。

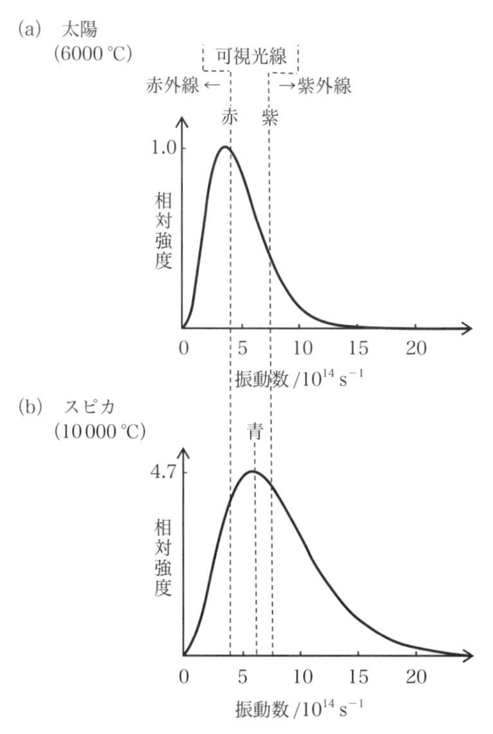

図 2.4 星から放射される電磁波の強度分布

Q 38 どうして黄色や青色に輝く星があるのですか？

夜空に輝く星は太陽と同じように高温の物体です。星の表面温度が高くなると，振動数の高い電磁波の相対強度が大きくなって，星の輝きは 赤 → 橙 → 黄 → 緑 → 青 と変わります。たとえば，おとめ座のスピカ（約 10000 ℃）から放射される電磁波の強度分布を図 2.4b に示しました。グラフからわかるように，太陽（6000 ℃）と異なり，青色の光の相対強度が最大になります。青ではなく青白く見えるのは，青色以外のすべての可視光線が少なからず含まれるからです（3.2 節参照）。また，縦軸の目盛りを見るとわかるように，スピカのもっとも強い電磁波の相対強度は，太陽の約4.7倍になります。星の輝きを見れば，その星のだいたいの表面温度を知ることができます。

Q 39　電磁波はどのようにして物体から放射されるのですか？

物体の粒子間の振動エネルギーが電磁波のエネルギーに変わります。1.3節で説明しましたが，温度の低い物体を構成する粒子の粒子間振動は全体的に穏やかです。粒子間の振動エネルギーが小さいと，放射される電磁波のエネルギーも小さくなります。つまり，振動数が低いという意味です。逆に，温度の高い物体を構成する粒子の粒子間振動は全体的に活発で，放射される電磁波のエネルギーも大きくなります。振動数が高く，強度も大きくなるという意味です。

2.4　夜間は寒く，昼間は暖かい

Q 40　どうして夜間は寒いのですか？

すでに2.2節で説明したように，量子論では電磁波をエネルギーの粒と考えます。太陽から地表に届く電磁波の量は，時間とともに激しく変化します。夜間には太陽から地表に電磁波は届かず，地表は電磁波を吸収しないので，地表のエネルギーは増えません。そうすると，地表の温度は上がらず，地表付近の大気は冷たくなります（図2.5）。ただし，地球の中心にはコアがあり，エネルギーがマントルを経由して地表に伝わり，地表を温めています（2.1節参照）。また，4.2節で詳しく説明しますが，大気は昼間には地表のエネルギーを分子の運動エネルギーとして蓄え，夜間にはその運動エネルギーを地表にも

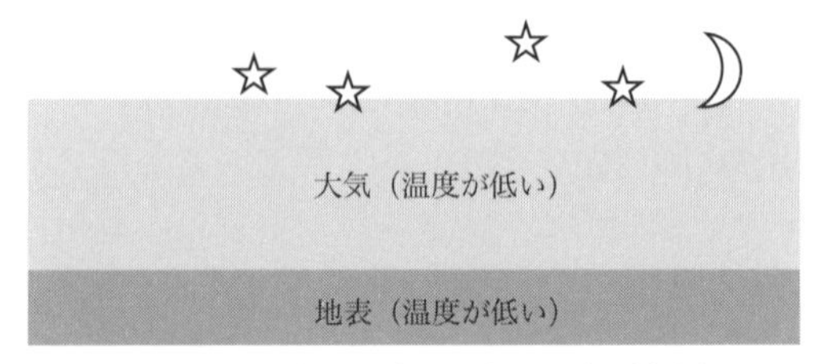

図 2.5　地表の温度と大気の温度（夜間）

どします。したがって，昼間よりも寒くなりますが，夜間でも，地表や大気の温度が絶対零度になることはありません。

Q 41　どうして昼間は暖かいのですか？

物体はさまざまな電磁波を吸収します。さまざまな物体でできている地表は，赤外線や可視光線など，太陽から届くさまざまな種類（振動数）の電磁波の多くを吸収します。地表が太陽から届く電磁波を吸収すると，地表のエネルギーが増えます（図 2.6）。電磁波のエネルギーが地表を構成する粒子の粒子間の振動エネルギーに変わると，地表の温度は上がります（1.3 節参照）。その結果，地表付近の大気を構成する分子は，衝突によって地表からエネルギーを受け取り，運動エネルギーが増えて，地表付近の大気の温度も上がります（1.2 節参照）。

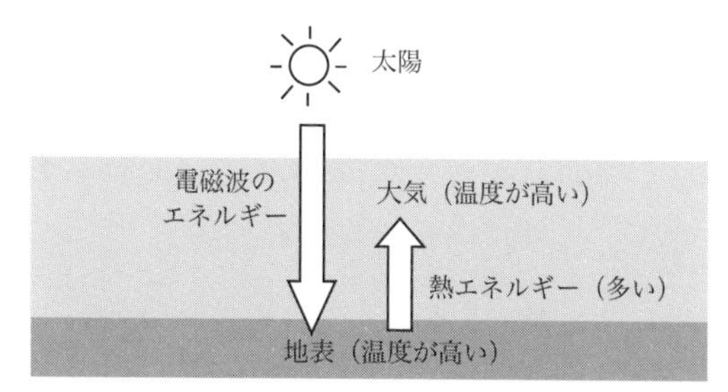

図 2.6　太陽から地表へのエネルギー移動と大気の温度（昼間）

Q 42　太陽の輝きは永遠に変わらないのですか？

太陽は**核融合反応**によって高温になっています。核融合反応というのは，膨大なエネルギーを放出しながら，小さい原子番号の原子核と原子核が融合して，大きい原子番号の原子核になる反応のことです。たとえば，水素の原子核（陽子）と中性子が融合して重水素となり，重水素同士の融合などを経て，ヘリウムの原子核になります（図 2.7）。核融合反応が活発になると，太陽から地表に届く電磁波の量が増えます。そうすると，地表が吸収する電磁波のエネルギーも増え，地表の温度は上がります。その結果，地表からエネルギーを受け取る地表付近の大気の温度も上がります。一方，太陽で起こる核融合反応は，しだいに衰えるといわれています。最後には，半径が 100 倍ほどに膨らみ，赤色巨星となって星の一生を終えます。太陽の核融合反応が衰えると，地球温暖化が問題になるどころか，地球寒冷化に対する方策が必要になるかもしれませんね。まだまだ先のことだと思いますが。

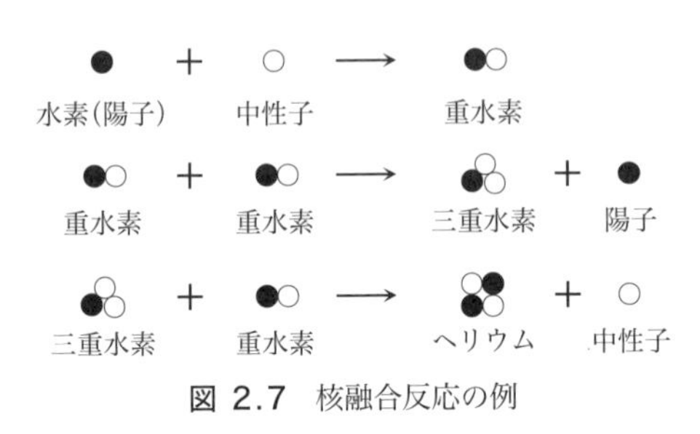

図 2.7　核融合反応の例

2.5　冬は寒く，夏は暑い

Q 43　どうして季節によって太陽の高さが変わるのですか？

1.4 節では，地表から受け取るエネルギー（熱エネルギー）の量によって，大気の温度が変わることを説明しました。ここでは，季節によって，どうして地表の温度が変わるのかを考えてみましょう。よく知られているように，地球は自転しながら太陽のまわりを公転しています。地球の自転軸が公転面に対して傾いているために，地表の同じ位置（図 2.8 の ○）で同じ時刻（真昼）に太陽を見ても，季節（公転している位置）によって太陽の高さが違って見えま

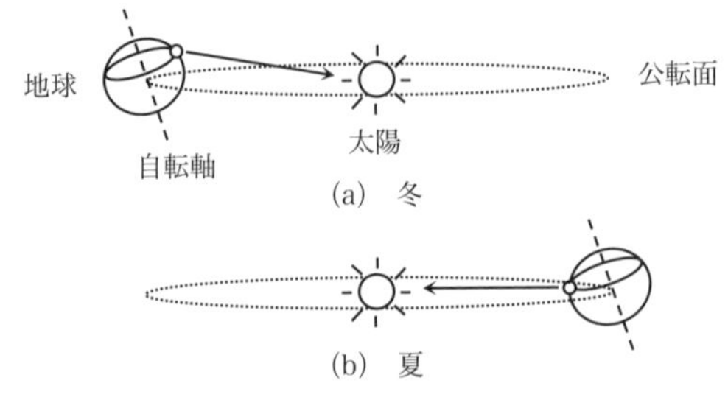

図 2.8　季節による太陽の方向の違い

す。寒い冬には太陽の位置は低く（公転面に対して斜めに）なります。一方，暑い夏には太陽の位置は高く（公転面に対してほぼ平行に）なります。太陽の高さが違うと，太陽から放射される電磁波の量が同じでも，地表が吸収する電磁波の量が違います。その理由を次に説明します。

Q 44　どうして太陽の位置が低いと寒いのですか？

太陽はあらゆる方向に電磁波を同じように放射しています。したがって，太陽から見た広がりを表す角度（**立体角**）が同じならば，そこに含まれる電磁波のエネルギーは同じです。しかし，冬には太陽の位置が低いので，放射される電磁波は地表に対して斜めに当たり（図 2.9a），ある立体角 θ（シータ）で当たる地表の面積は広くなります。つまり，単位面積あたりの電磁波のエネルギーは小さくなります。

一方，夏には太陽の位置は高いので，同じ立体角 θ で当たる地表の面積は狭くなります（図 2.9b）。つまり，単位面積あたりの電磁波のエネルギーが大きくなります。その結果，夏の地表の温度は冬よりも高く，大気が地表を構成

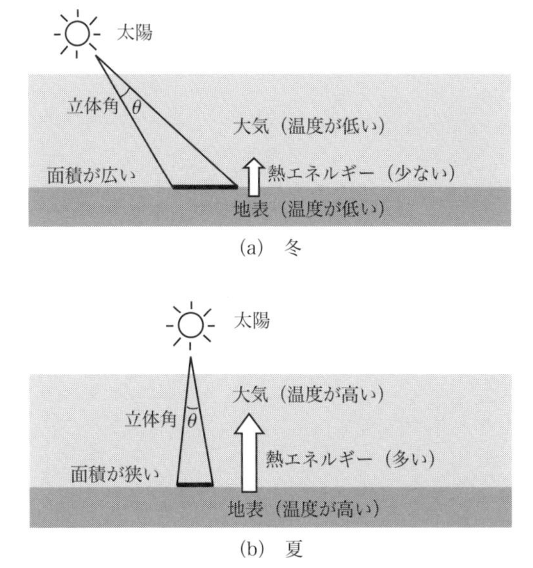

図 2.9　同じ立体角で電磁波の当たる地表の面積

する粒子から受け取る粒子間の振動エネルギーは冬よりも多く，地表付近の大気の温度は冬よりも高くなります。

Q 45　北極や南極が寒い理由も，太陽の位置が低いからですか？

緯度の低い赤道付近の気温は高く，緯度の高い北極や南極の極地の気温が低い理由も，同じように考えることができます。緯度が高くなるにつれて，太陽の位置は低くなり，地表の単位面積あたりの電磁波のエネルギーが小さくなるからです。北極圏の白夜では，ほとんどの時間，太陽からの電磁波が届くので暑そうですよね。しかし，太陽の位置は低くてつねに水平線の近くにあり，地表の単位面積あたりの電磁波のエネルギーはとても小さいので，夏でも寒いのです。また，冬には，ほとんどの時間，太陽が沈んだ状態が続き，太陽からの電磁波が届かないので，さらに寒くなります。これを白夜の反対語として黒夜といいそうですが，極夜（きょくや）とよばれています。

Q 46　山の斜面は温度が上がりにくいのですか？

1.6 節では，山に登ると寒くなる理由として，標高が高くなると，単位体積に含まれる分子の数が少なくなり，分子同士の衝突の機会も減り，運動エネルギーが伝わりにくくなるためだと説明しました。もう一つの理由として，山頂付近の地表は山麓付近の地表よりも斜めになっていて，単位面積あたりの電磁波のエネルギーが小さく，地表が温まりにくいことも考えられます（図 2.10）。逆に，チベット高原のラサは，緯度も標高も富士山とほぼ同じなの

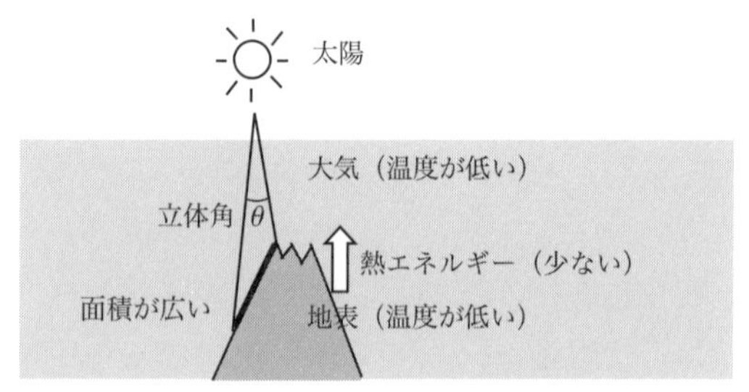

図 2.10　同じ立体角でも，山頂付近では電磁波の当たる地表の面積は広い

に，地面が平らなので，単位面積あたりの電磁波のエネルギーが大きいと考えられます。これが要因の一つとなり，富士山の山頂付近よりも，平均気温が約15 ℃も高くなります。

2章のまとめ

1. 地表は，地球の中心のコアのエネルギーでも温められます。
2. 電磁波は，波長，波数，周期，振動数の違いで，電波，赤外線，可視光線，紫外線，X線に分類されます。
3. 地表は太陽から届く電磁波を吸収すると，電磁波のエネルギーで温められます。
4. 物体の温度が高くなると，物体から放射される電磁波の強度は全体的に大きく，振動数は全体的に高くなります。
5. 星の色は星の表面温度で決まります。太陽（6000 ℃）は赤く輝き，シリウス（10 000 ℃）は青白く輝きます。
6. 地表の温度，そして，地表付近の大気の温度の変動は，地表が吸収する電磁波（赤外線や可視光線など）の量の変動で，おおむね決まります。
7. 冬の地表が吸収する単位面積あたりの電磁波の量は少なく，寒くなります。また，夏の地表が吸収する単位面積あたりの電磁波の量は多く，暑くなります。
8. 山の斜面は，単位面積あたりの電磁波の量が少なく，寒くなります。

3章　地表を温めにくくする物質がある

この章では，太陽から地球に届く電磁波を吸収，反射，散乱する物質を調べます。地表に届く電磁波の量が減ると，地表が受け取るエネルギーが減り，地表の温度が上がりにくくなるからです。地表の温度が上がりにくくなれば，地表付近の大気の温度も上がりにくくなります。

3.1　植物は光エネルギーを利用する

Q 47　植物は地球上にどのくらいあるのですか？

身のまわりにはさまざまな植物があります。とくに，春になって暖かくなると，庭のいたるところに雑草が急に生えてきます。本当は，雑草という名前は私たちが勝手につけた名前であって，雑草から見れば，“どうして自分たちだけが嫌われて，抜かれなければならないのか”と不満に思っているかもしれませんね。いずれにしても，動物が繁栄する前から，植物は地球の陸地や海洋など，いたるところで繁殖していました。植物の宝庫である森林を考えてみましょう。世界の森林の面積は，約1万年前には約6×10^7平方キロメートルもあったといわれています。しかし，人類の文明の発展に伴って，現在では約4×10^7平方キロメートルに減少したといわれています。それでも，陸地面積(1.3節参照)の約3割が森林に覆われています。

Q 48　植物は大気の温度を下げるのですか？

植物は繁殖するために光合成を行い，その際に光エネルギーを使います。そうすると，太陽から放射される電磁波の一部が地表に届かくなります（図3.1)。地表が吸収する電磁波の量が減るので，地表の温度は上がりにくくなります。その結果，地表からエネルギーを受け取る地表付近の大気の温度も上がりにくくなります。森や林の中に入れば涼しく感じますよね。植物が光エネルギーを受け取ってくれるおかげで，地表の温度が上がりにくくなるからです。**植物は光合成で光エネルギーを消費することによって，地球温暖化を防いでくれています。**植物は地表を温めにくくする物質です。

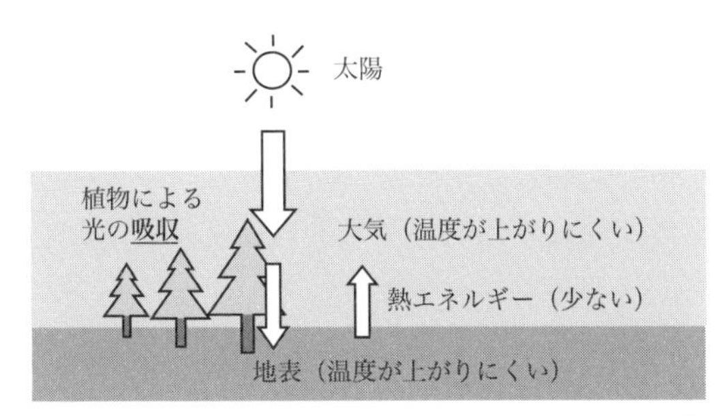

図 3.1　植物による電磁波（光）の吸収と大気の温度

Q 49　植物が減ると，地球温暖化が進むのですか？

最近，森林伐採や森林火災などのニュースが頻繁に伝えられています。すでに説明したように，植物が減ると，光合成によって減るはずだった電磁波（光）のエネルギーの量が減らなくなり，地表の温度は上がります。その結果，大気の温度も上がります。また，光合成で使う二酸化炭素がなくなって，植物が絶滅すれば，膨大な光が地表に降り注ぐことになり，地表の温度は上がり，地表からエネルギーを受け取る大気の温度も上がります。そうすると，私たちも生命を維持できなくなります。私たちと植物は共存関係にあります。

3.2　黒い炭で白い雪を融かす

Q 50　電磁波が固体に当たるとどうなりますか？

電磁波が地表のような固体に当たると，おもに二つの現象が起こります。電磁波の**吸収**と**反射**です。厳密には，電磁波の入射する角度と反射する角度が同じ場合に反射といい，電磁波がさまざまな方向に跳ね返される場合を**乱反射**といいます（図3.2）。この本では，以降，**乱反射を含めて反射とよぶことにします**。なお，電磁波が固体に当たったときに，吸収も反射も起こらなければ，**透過**といいます。電磁波の一部が吸収され，電磁波の一部が反射され，電磁波の一部が透過することもあります。これらの現象は，固体の種類や量，電磁波の種類によって異なります。

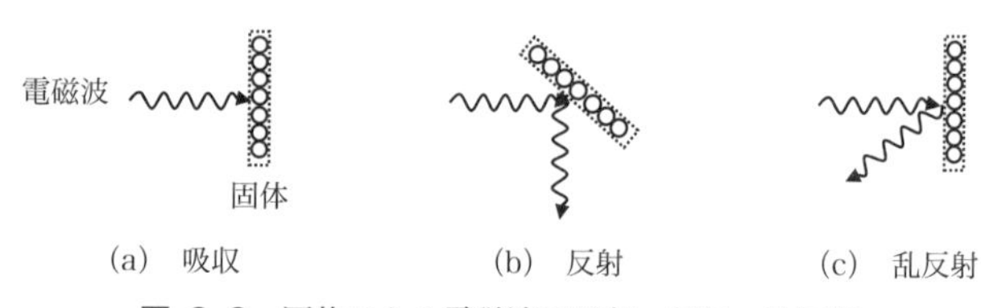

図 3.2　固体による電磁波の吸収，反射，乱反射

Q 51　物体はどのような電磁波を吸収しますか？

ほとんどの物体（固体の物質）は赤外線を吸収します。吸収された赤外線のエネルギーは，その物体を構成する粒子の粒子間の振動エネルギーに変わります。物体の温度が高くなるということですね。それでは，可視光線はどうでしょうか。じつは，可視光線が吸収されるかどうかは物体の色に依存します。たとえば，白色の物体は可視光線をほとんど吸収しません。すべての種類の可視光線が吸収されずに反射されて人間の目に入ると，人間にはその物体が白色に見えます。本当は，人間の目には無色ですが，これを**白色光**とよびます。

Q 52　どうして物体にはさまざまな色があるのですか？

色のついた物体は可視光線の一部を反射し，そのほかの可視光線を吸収します。たとえば，植物の葉は緑色の光を反射して，赤色や黄色，青色や紫色など，そのほかの可視光線を吸収して，その一部を光合成に利用します。反射される緑色の光が人間の目に入るので，植物の葉は緑色に見えます。同様に，ニンジンは橙色の光を反射し，そのほかの可視光線を吸収します。反射される橙色の光が人間の目に入るので，ニンジンは橙色に見えます。一方，黒色の物体はすべての可視光線を吸収して，反射される可視光線がありません。

Q 53 白色の物体と黒色の物体では温度が違うのですか？

白色の物体はすべての可視光線を反射するので，可視光線が当たっても物体のエネルギーが増えず，温度は上がりません。一方，黒色の物体はすべての可視光線を吸収し，そのエネルギーが物体を構成する粒子の粒子間の振動エネルギーに変わり，物体の温度は上がります。夏には白色系の服を着る機会が多くありませんか。可視光線のエネルギーが吸収されにくく，涼しく感じるからです。また，冬には黒色系の服を着る機会が多くありませんか。ほとんどの可視光線のエネルギーが吸収され，暖かく感じるからです。同様の理由で，北国では白色の雪（固体）を融かすために，黒色の炭（固体）の粉をまくことがあります。ほとんどの可視光線は白い雪で反射されるので，雪の温度は上がりません（図 3.3a）。しかし，黒色の炭はほとんどの可視光線を吸収するので温度が上がり，そのエネルギーが雪に伝わって，雪が融けます（図 3.3b）。

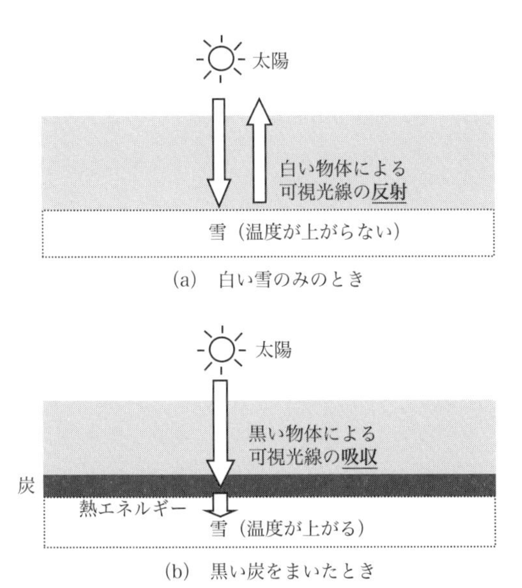

図 3.3 白い雪と黒い炭のエネルギー移動

3.3 曇った日は寒い

Q 54　どうして雲は空に浮かんでいるのですか？

大気の中の H_2O 分子は N_2 分子や O_2 分子よりも軽いので，大気の中を上昇します。上昇して温度が下がると，集まって氷の粒になります。これが雲です。気体の H_2O 分子に比べて，氷の粒は重いので落下しそうですよね。しかし，上昇気流の上向きの力と下向きの重力が釣り合って，雲は空に浮かぶことができます。もしも，上昇気流が弱くなって重力のほうが上回ると，雲は地表に近づき，温度が上がって（運動エネルギーの大きい N_2 分子や O_2 分子と衝突して）水の粒となり，やがて雨になります。

Q 55　雲に電磁波が当たるとどうなりますか？

電磁波が固体に当たると，おもに吸収と反射が起こると説明しました（3.2節参照）。雲は氷の粒でできていますが，氷の粒は可視光線をほとんど吸収しません。しかし，赤外線を吸収します。吸収された赤外線のエネルギーは，氷の粒を構成する粒子の粒子間の振動エネルギーに変わります。その結果，氷の粒が融けて，水の粒に変わることもあります。

次に，氷の粒が電磁波を反射するかどうかを考えてみましょう。日ごろ，私たちは鏡に反射する自分の顔を見ることができます。鏡は物体（固体）なので，光（可視光線）を反射するからです。しかし，氷の粒はとても小さく，空間を動いているので，電磁波が当たると，反射ではなく**散乱**が起こります。散乱は，固体の反射と似ていますが，氷の粒に当たった電磁波が，氷の粒を中心に，あらゆる方向に進む現象です。入射した電磁波が氷の粒よりも前に進む現象を前方散乱といい，氷の粒よりも後ろに進む現象を後方散乱といいます。氷の粒の後方散乱が固体の乱反射に対応します。

Q 56　どうして雲は白いのですか？

氷の粒や水の粒は，すべての電磁波を同じような強さで散乱します。このような散乱を**ミー散乱**といいます。太陽から届く可視光線が雲に当たると，すべての種類の可視光線が，同じように散乱されて人間の目に入り，その結果，雲は白く見えます（3.2 節参照）。雲の層が厚くなって，ほとんどの散乱光が人間の目に届かなくなれば，雲は黒く見えます。

Q 57　どうして曇った日は寒いのですか？

曇った日には雲が空に浮かんでいます。すでに説明したように，雲（氷の粒）は可視光線を散乱します。また，赤外線を吸収したり散乱したりします。いずれの現象でも，太陽から地表に届く電磁波の量は少なくなり，地表の温度は上がりにくくなります。その結果，曇った日の地表付近の大気の温度は上がりにくくなって，寒くなります（図 3.4）。**雲は地表を温めにくくする物質**です。

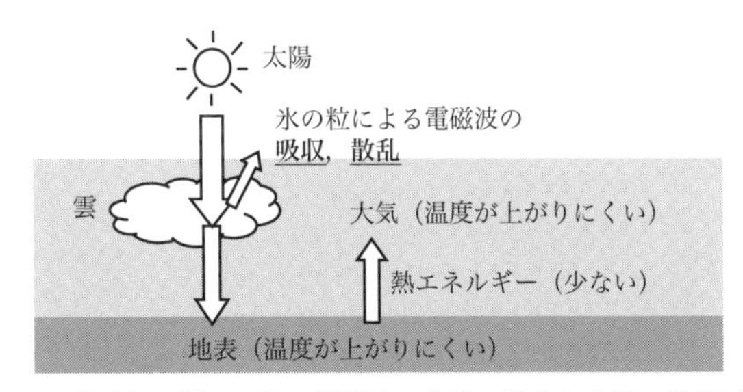

図 3.4　雲（氷の粒）による電磁波の吸収，散乱と大気の温度（昼間）

Q 58　火山が噴火すると寒くなりますか？

火山が噴火すると，大量の火山灰などが大気の中に浮遊することがあります。この場合にも，大気の中の火山灰などが，太陽から放射される電磁波の一部を吸収したり散乱したりするために，地表に届く電磁波の量が少なくなり，地表の温度は上がりにくくなります。その結果，大気の温度も上がりにくくなります。1991年に，フィリピンのルソン島にあるピナツボ火山が噴火しました。噴火によって噴出した火山灰などが大気の中に拡散して，翌年には，地球の平均気温が約0.5℃下がったという報告もあります。恐竜が絶滅した原因も，隕石が地球に衝突して，大量の土埃（つちぼこり）が大気の中に浮遊して，太陽から地表に届く電磁波を遮ったためだという説もあります。火山灰や土埃も地表を温めにくくする物質です。そうすると，**大気を汚せば，地球温暖化を防ぐことができる**かもしれませんね。しかし，喘息など，それに伴うさまざまな悪い影響も考えておく必要があります。

3.4　大気は電磁波を感じない

Q 59　気体の分子は電磁波を吸収しますか？

気体の分子が電磁波を吸収するかどうかは，気体の分子の種類（形）で決まります。すでに2.2節で説明したように，電磁波は，振動する電場によって振動する磁場が誘導され，振動する磁場によって振動する電場が誘導されます。分子が電磁波を感じるためには，分子に電気的あるいは磁気的な偏りが必要です。分子に電気的あるいは磁気的な偏りがなければ，分子は電磁波を感じないので吸収しません。分子が電磁波を無視するという意味です。どういうことか，少しわかりにくいので，まずは，方位磁石を使って説明してみましょう。

Q 60　どうして方位磁石は北をさすのですか？

子どものころに方位磁石で遊んだことはありませんか。方位磁石にはS極とN極という磁気的な偏りがあります。また，地球には北極と南極があり，地球は巨大な磁石のようなものです。北極にS極があり，南極にN極があります。地表では南極から北極に向かって**磁力線**が出ています（図3.5）。方位磁石には磁気的な偏りがあるので，磁力線を感じることができ，その結果，方位磁石は磁力線に沿って北をさします。もしも，磁気的な偏りのない釘ならば，磁力線を感じないので，北をさしません。

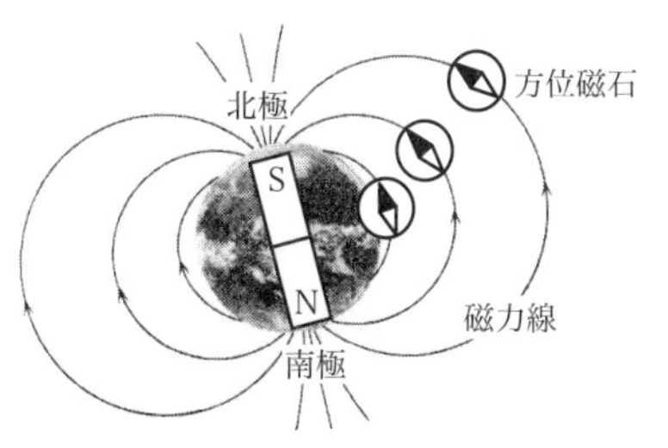

図 3.5　地表の磁力線と方位磁石の向き

Q 61　Ar 原子は電磁波を吸収しないのですか？

Ar 原子は 1 個の原子からできているので，**単原子分子**といわれています（図 3.6a）。詳しいことは省略しますが，量子論では，電子が原子の中で，どのあたりに，どのくらいの確率で存在するかを調べることができます。原子の場合には，電子の存在する位置の確率に偏りはありません。つまり，原子の中心から電子を眺めてみると，電子はどちらの方向にも同じように存在しています。したがって，Ar 原子には電気的な偏りがありません。Ar 原子は方位磁石ではなく，磁気的な偏りのない釘のようなものだとイメージすればよいでしょう。Ar 原子には電気的な偏りがないので，電磁波が当たっても電磁波を感じることはなく，電磁波を吸収しません。

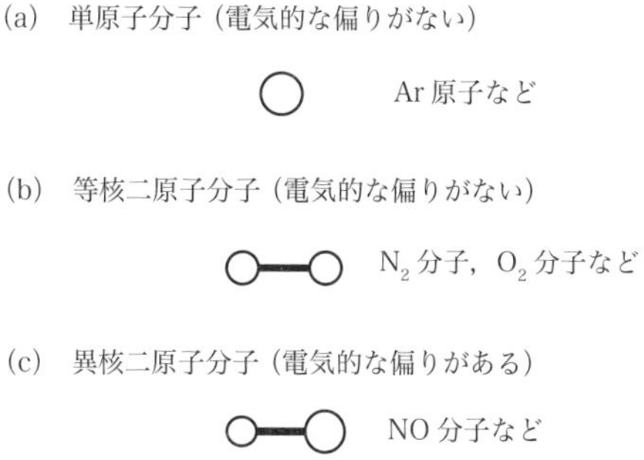

(a)　単原子分子（電気的な偏りがない）

Ar 原子など

(b)　等核二原子分子（電気的な偏りがない）

N_2 分子，O_2 分子など

(c)　異核二原子分子（電気的な偏りがある）

NO 分子など

図 3.6　分子の種類（形）と電気的な偏り

Q 62　N_2 分子や O_2 分子は電磁波を吸収しないのですか？

2個の原子が結合している分子を**二原子分子**といいます。とくに，N_2 分子や O_2 分子のように，同じ種類の原子からできている場合には**等核二原子分子**といいます（図3.6b）。たとえば，N_2 分子の電子が分子の中のどのあたりに，どのように存在するのかを調べてみましょう。結合の中心（2個のN原子の中点）で，結合軸に垂直な面内に仮想的な鏡を置くと，左側のN原子の像が鏡に映りますが，その像の位置は右側のN原子の位置と一致します。原子の位置だけではなく，左側のN原子の電子の存在のようすと，右側のN原子の電子の存在のようすが一致します。そうすると，分子の中の電子の存在のようすが左右対称なので，分子全体で考えると，電気的な偏りがありません。したがって，Ar原子と同じように，N_2 分子や O_2 分子は電磁波が当たっても電磁波を感じることはなく，電磁波を吸収しません。なお，分子の形が左右対称に見えても，電子の存在のようすに偏りが生じて電磁波を吸収することもありますが，話が専門的になるので，ここでは省略します。

Q 63　NO 分子は電磁波を吸収するのですか？

N_2 分子や O_2 分子のような等核二原子分子とは異なり，NO分子のように異なる種類の原子からできている分子を**異核二原子分子**といいます（図3.6c）。当たり前のことですが，結合のどの位置に仮想的な鏡を置いても，N原子の鏡の像はO原子にはなりません。つまり，N原子の電子の存在のようすと，O原子の電子の存在のようすが違うので，NO分子には電気的な偏りがあります。その結果，NO分子は電磁波を感じて，電磁波を吸収します。一方，大気を構成する分子（N_2 分子，O_2 分子，Ar原子）は，電気的な偏りがないので，太陽から地球に届く電磁波を吸収しません。ただし，次節で説明するように，大気を構成する分子は電磁波を散乱するので，**大気は地表を温めにくくする物質**と考えられます。

3.5　朝焼けや夕焼けは赤く，空は青い

Q 64　分子はすべての可視光線を同じように散乱するのですか？

3.3 節では，電磁波が氷の粒に当たると，ミー散乱が起こり，すべての電磁波が同じように強く散乱されると説明しました。分子のように，サイズが氷の粒よりもかなり小さくても，電磁波を散乱します。ただし，分子の場合，どのくらい強く散乱するかは，電磁波の振動数に依存します。このような散乱を**レイリー散乱**といいます。分子は氷の粒と異なり，振動数の高い可視光線ほど強く散乱し，逆に，振動数の低い可視光線ほど散乱しません。散乱の強度は振動数の 4 乗に比例するといわれています。たとえば，青色の光は赤色の光に比べてエネルギーが大きく，振動数の高い可視光線です（2.2 節参照）。したがって，青色の光は大気を構成する分子によって強く散乱されますが，赤色の光はほとんど散乱されません。もちろん，赤色の光よりも振動数の低い赤外線も，大気を構成する分子によって散乱されません。

Q 65　どうして朝焼け，夕焼けは赤いのですか？

大気の厚さは約 100 km です。一方，地球の半径は約 6400 km なので，大気の円周は約 40000 km です。地球に比べて大気の層はとても薄く，大気は饅頭の薄皮のようなものですね。朝方の東の空や，夕方の西の空を眺めてみましょう。太陽の位置は地表や大気に対して水平に近い方向にあるから，太陽から放射された電磁波は，地表に沿って長い距離の大気の中を通り抜けます（図

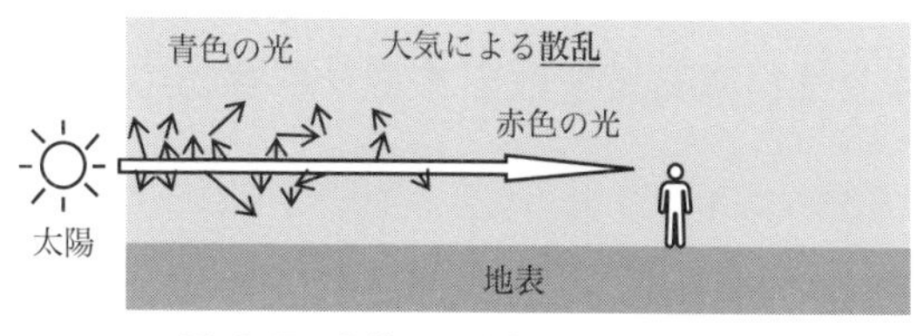

図 3.7　朝焼け，夕焼けが赤い原因

3.7)。そうすると，青色の光は，大気を構成する分子によって散乱される機会が多く，人間の目に届くころには，なくなってしまいます。しかし，赤色の光は，長い距離の大気の中を通り抜けても，あまり散乱されずに人間の目に届きます。その結果，朝方と夕方には，太陽のまわりの空が赤色に見えます。

Q 66 どうして昼の空は青いのですか？

昼には，太陽の位置は地表および大気に対して垂直に近い方向にあります。したがって，太陽から放射された電磁波は，地表に垂直に短い距離の大気の中を通り抜けます（図 3.8）。そうすると，電磁波は大気を構成する分子によって散乱される機会が朝方や夕方よりも少なくなり，青色の光は少しだけ散乱されて太陽のまわりの方向に残り，それが人間の目に届くので，昼の空は青く見えます。昔，人類初の宇宙飛行士が宇宙から地球を見て，“地球は青かった”といったことを知っていますか。これは，大気を構成する分子によって散乱された青色の光を見たからですね。もしも，地球に大気がなければ，散乱される電磁波がなくなり，地球の表面の温度は今よりもかなり高くなります。たとえば，地球のそばにある月には大気がないので，太陽の光が当たる表面の温度は約 110 ℃の高温になるといわれています。

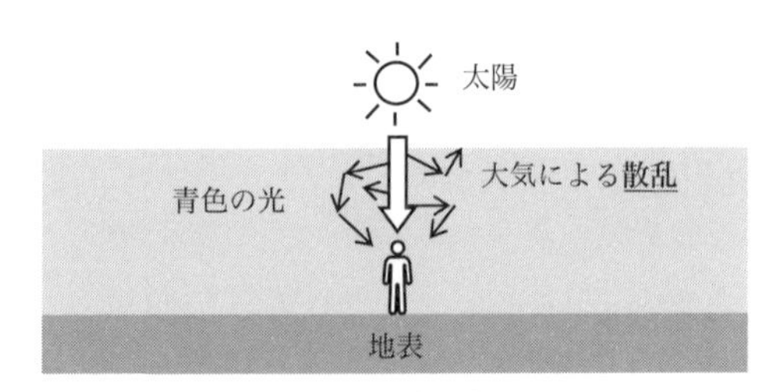

図 3.8 昼の空が青い原因

Q 67 朝は大気が電磁波を散乱するから寒いのですか？

朝と昼の気温が違うおもな理由として，夜間に地表や大気の温度が下がることに加え，朝焼け，夕焼け，青空と同じ理由が考えられます。昼に比べて，朝は太陽から地表に電磁波が届くまで，長い距離の大気の中を通り抜けるので，振動数の高い電磁波がたくさん散乱されます。電磁波の量が少なくなり，朝の地表の温度は上がりにくくなります。大気は電磁波を散乱するので，地表を温めにくくする物質です。そうすると，**大気を構成する分子の数を増やすことができれば，地球温暖化を防ぐことができる**と考えられます。

なお，すでに2.5節で説明したように，朝の太陽の位置は低く，地表が受け取る単位面積あたりの電磁波のエネルギーは，昼よりも小さくなります。朝の気温が昼よりも低くなる理由は，太陽の位置が低く，単位面積あたりの電磁波のエネルギーが小さいことと，大気を構成する分子による電磁波の散乱が多いことが原因です。

Q 68　電磁波が地表，雲，大気に当たるときの現象は異なりますか？

電磁波が地表，雲，大気に当たるときに起こる現象を表3.1にまとめました。地表は物体なので，可視光線も赤外線も，吸収したり反射したりします(3.2節参照)。雲は氷の粒でできているので，可視光線も赤外線も散乱します(3.3節参照)。また，色がついていないことからわかるように可視光線を吸収しませんが，赤外線を吸収します。大気の大部分は電気的な偏りのないN_2分子やO_2分子などでできているので，可視光線も赤外線も吸収しません。また，振動数の高い可視光線（青色の光など）を散乱しますが，振動数の低い可視光線（赤色の光など）や赤外線を散乱しません。

表 3.1　電磁波が当たると起こる現象

電磁波	地表（物体）	雲（氷の粒）	大気（N_2分子，O_2分子）
可視光線	吸収する	吸収しない	吸収しない
	反射する	散乱する	散乱する[1]
赤外線	吸収する	吸収する	吸収しない
	反射する	散乱する	散乱しない

[1] 振動数の高い可視光線（青色の光など）。

3章のまとめ

1. 植物は光エネルギーを光合成に利用するので，地表に届く電磁波の量は植物によって減ります。
2. 白い物体はすべての可視光線を反射するので，物体の温度は上がりにくくなります。黒い物体はすべての可視光線を吸収するので，物体の温度は上がりやすくなります。
3. 色のついた物体はその色の光を反射し，それ以外の可視光線を吸収します。
4. 雲は氷の粒でできていて，太陽から放射される可視光線や赤外線を散乱したり，赤外線を吸収したりするので，地表に届く電磁波の量が減ります。
5. 大気の成分である窒素，酸素，アルゴンを構成する分子には，分子全体の電気的な偏りがありません。
6. 大気を構成する分子は，太陽から放射される可視光線を吸収したり，反射したりしません。しかし，振動数の高い可視光線を散乱するので，地表に届く電磁波の量が減ります。
7. 大気を構成する分子は，太陽から放射される赤外線を吸収，反射，散乱しません。
8. 大気を構成する分子は，赤色の光よりも青色の光を強く散乱し，夕焼けや朝焼け，青空の原因となります。

4章　地表からは赤外線が放射される

この章では，地表が赤外線を放射することによって，大気の温度がどのように影響されるのかについて説明します。そして，地表から宇宙へ放射される赤外線の量が多ければ，大気の温度も下がることを理解します。また，放射される赤外線の量が地表の温度によって変わることを説明します。

4.1　あらゆる物体から電磁波が放射される

Q 69　電磁波は地表からも放射されていますか？

物体からは，あらゆる種類の電磁波が放射されています。物体を構成する粒子の粒子間の振動エネルギーが電磁波のエネルギーに変わります。ただし，放射される電磁波の強度分布は物体の温度によって異なります（2.3節参照）。太陽のような高温の物体では，最大強度となる電磁波は可視光線ですが，地表のような低温の物体からは，可視光線はほとんど放射されません。最大強度となる電磁波は，可視光線よりもエネルギーが小さく，振動数の低い赤外線です。また，低温の物体から放射される電磁波の強度は，高温の物体に比べると，全体的にとても小さくなります。

Q 70　どのくらいの赤外線が地表から放射されていますか？

地表の冬の温度を0℃，夏の温度を30℃と仮定して，地表から放射される電磁波の強度分布を図4.1に示します（139ページ，補足3）。ただし，地表から放射される電磁波の強度は，高温（6000℃）の太陽に比べてとても小さいので，グラフの縦軸の目盛りを図2.4の約1万倍に拡大しました。また，地表からは可視光線がほとんど放射されないので，グラフの横軸（振動数）の目盛りを図2.4の約25倍に拡大して，赤外線の領域のみを示しました。地表は太陽のように光輝くことはありませんが，つねに赤外線を放射しています。

Q 71　もっとも強く放射される赤外線は冬と夏で異なりますか？

図 4.1 を見るとわかるように，冬の温度のほうが夏よりも低いので，冬のほうが地表から放射される赤外線の量は全体的に少なくなります（約 0.7 倍）。また，最大強度となる赤外線の振動数は，冬には約 1.59×10^{13} s^{-1} ですが，夏にはそれよりも高い約 1.74×10^{13} s^{-1} になります。ふつうは，赤外線の単位は振動数 s^{-1} ではなく，波数の単位 cm^{-1} で表されます（2.2 節参照）。振動数から波数へ変換するためには，“振動数を光の速さ（約 3×10^{10} cm s^{-1}）で割り算すると波数になる”という関係式を使います。したがって，冬には波数が 530 cm^{-1} [$=(1.59\times10^{13}\ s^{-1})/(3\times10^{10}\ cm\ s^{-1})$] 付近の赤外線が地表からもっとも強く放射され，夏には波数が 580 cm^{-1}[$=(1.74\times10^{13}\ s^{-1})/(3\times10^{10}\ cm\ s^{-1})$] 付近の赤外線がもっとも強く放射されます。2.2 節で説明したように，振動数が高くなれば，波数もエネルギーも高くなります。

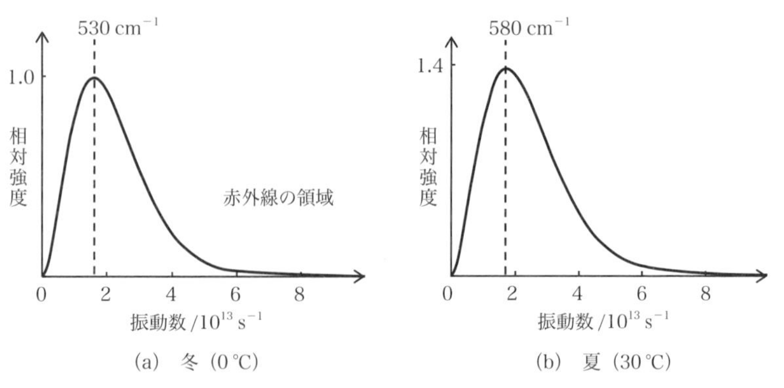

(a)　冬（0 ℃）　　(b)　夏（30 ℃）

図 4.1　地表から放射される赤外線の強度分布

4.2　曇った夜は寒くない

Q 72　赤外線の量は昼間と夜間で異なりますか？

昼間には，太陽から地表に可視光線も赤外線も届きます。太陽からはあらゆる電磁波が放射されています。ただし，赤外線の量は可視光線の量に比べると多くはありません（図 2.4 参照）。また，地表からも赤外線が放射されていますが，その量はさらに少なくなります。結局，昼間には，可視光線が太陽と地球のやり取りするおもなエネルギーです。一方，夜間には，太陽から地表に可視光線も赤外線も届きません。そうすると，地表から放射される赤外線が地球と宇宙のやり取りするおもなエネルギーとなります。

Q 73　夜間の放射冷却とは何ですか？

赤外線は電磁波の一種なので，夜間に赤外線が地表から放射されれば，地表のエネルギーが減り，地表の温度が下がります。ただし，地表の温度は絶対零度になるわけではありません。大気を構成する分子が地表と衝突して，昼間に蓄えた運動エネルギーを地表にもどすからです。熱の伝導では，**温度の高い物質から温度の低い物質の方向にエネルギーが移動**します。こうして，大気を構成する分子の運動エネルギーが減るので，夜間の大気の温度は，地表の温度とともに，昼間よりも下がります（図 4.2）。これを**放射冷却**といいます。大気は昼間にエネルギーを蓄え，夜間にエネルギーを放出する緩衝材の役割を果た

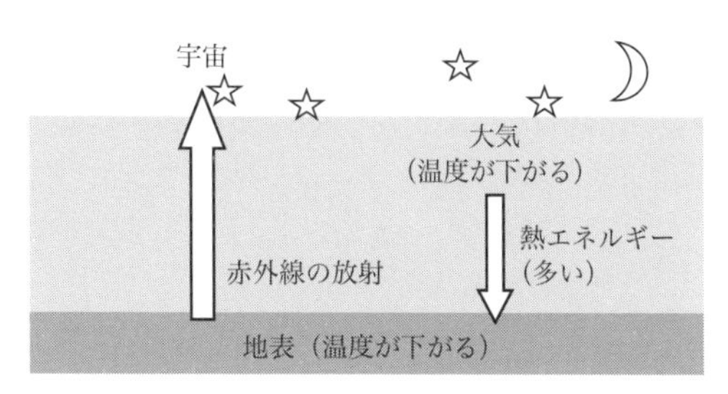

図 4.2　晴れた夜の大気の温度（放射冷却）

しています。一方，地球のそばにある月には大気がなく，太陽の光が当たる表面の温度は約 110 ℃の高温になり，太陽の光が当たらない表面では約 −170 ℃の低温になります。大気のない月の温度変化は，大気のある地球よりも，とても激しいのです。

Q 74　夜間に曇っていると，寒くならないのですか？

すでに 3.3 節で説明したように，雲を構成する氷の粒は，赤外線を吸収したり散乱したりします。地表から放射された赤外線が雲によって散乱されれば，赤外線の一部は宇宙に放射されずに後方散乱されて，地表にもどってきます。地表が後方散乱された赤外線を再び吸収すると，晴れた夜に比べて，地表の温度は下がりにくくなります（図 4.3）。その結果，大気の温度も下がりにくくなります。曇った夜は放射冷却が抑えられるので，晴れた夜ほど寒くはありません。なお，地表と同様に，雲は赤外線を放射しているので，その赤外線を吸収する地表の温度は下がりにくくなります。ただし，雲の温度は地表の温度に比べてかなり低く，雲から放射される赤外線の量は，地表から放射される赤外線の量に比べて，かなり少ないと思われます（4.1 節参照）。

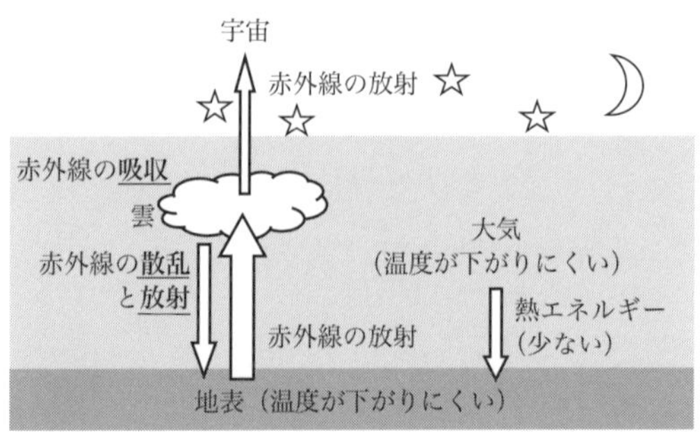

図 4.3　曇った夜の大気の温度（雲による赤外線の吸収，散乱と放射）

4.3 非接触型温度計で体温を測る

Q 75 人間も赤外線を放射しているのですか？

人間も物体なので，つねに赤外線を放射しています。しかし，体内で起こるさまざまな生体反応によって，つねに化学エネルギーを生み出しているので，人間の温度（体温）は大気の温度よりも高く，36 ℃ぐらいです。体温は図 4.1b で仮定した地表温度よりも少し高いので，放射される赤外線のうち，最大強度を示す赤外線の振動数（および波数）は地表よりも少し高く，強度は全体的に大きくなります。放射される赤外線の量は，絶対零度を基準とする温度（熱力学温度，単位は K（ケルビン））の 4 乗に比例します。少しでも温度が変われば，放射される赤外線の量が大きく変わるという意味ですね。そうすると，人間から放射される赤外線の量を測定すれば，逆に，体温をちゃんと測ることができることになります。

Q 76 非接触型温度計とは何ですか？

昔は，風邪をひいて体温が上がると，水銀温度計を身体に接触させて，**熱の伝導**を利用して，身体の粒子間の振動エネルギーが反映される温度を測りました。水銀温度計は，1.7 節で説明したアルコール温度計よりも，体温付近で精度よく温度を測ることができる温度計です。また，身体から離しても温度表示の値が変わらないことが特徴です。最近は，身体に接触させずに，身体から放射される赤外線（**熱の放射**）の量で体温を測る非接触型の温度計が開発されています。ただし，この温度計が示す温度は粒子間の振動エネルギーを反映するものとは異なります。したがって，水銀温度計で示す温度が何度のときに，非接触型温度計で受け取る赤外線の量がどのくらいなのかを，あらかじめ決めておく必要があります。

Q 77　非接触型温度計は大気の影響を受けないのですか？

身体と非接触型温度計の間に大気があっても，体温を正確に測ることができます（図4.4）。大気（窒素，酸素，アルゴン）を構成する分子は，分子全体の電気的な偏りがなく（3.4節参照），電磁波の一種である赤外線を吸収しないからです。また，赤外線の振動数は低いので，青色の光などと異なり，大気を構成する分子によって散乱されません。もちろん，反射もされません。したがって，大気は非接触型温度計による体温の測定に影響しません。

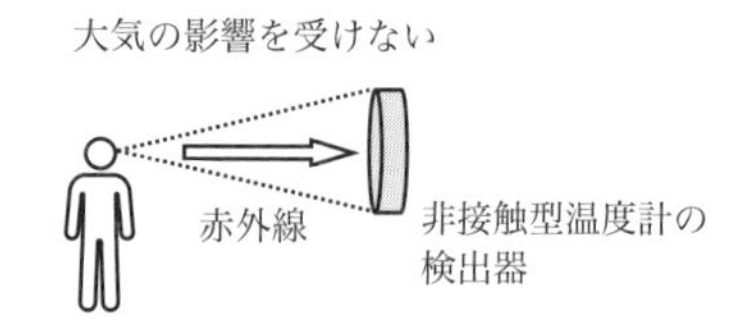

図 4.4　非接触型温度計による体温の測定と大気の影響

Q 78　非接触型温度計は検出器までの距離の影響を受けますか？

非接触型温度計の検出器に届く赤外線の量は，身体から検出器までの距離に依存します（図4.5）。なぜならば，非接触型温度計までの距離が遠くなるにつれて，検出器の面に対する立体角が小さくなるからです。検出器を身体から遠く離すと，体温を正確に測れません。また，検出器の面が斜めになっていると，体温を正確に測れません。その理由については，2.5節で詳しく説明しました（図2.9参照）。

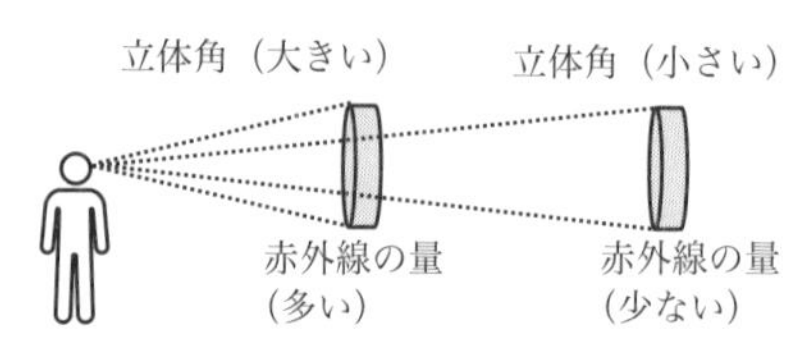

図 4.5　非接触型温度計の検出器までの距離の影響

4章のまとめ

1. 太陽（高温の物体）からはおもに可視光線が放射され，地表（低温の物体）からは赤外線が放射されます。
2. 太陽（6000 ℃）に比べて，地表（30 ℃）から放射される電磁波の最大強度は，約1万分の1ほどです。
3. 低温の物体から放射される赤外線の量は，熱力学温度の4乗に比例します。
4. 非接触型温度計を使うと，身体に触れずに，身体から放射される赤外線の量から体温を測れます。
5. 大気を構成する分子は，赤外線を吸収，反射，散乱しないので，身体と非接触型温度計の間に大気があっても，体温を正確に測れます。

5章　大気を温める エネルギー源がある

この章では，地表からエネルギーを受け取らなくても，大気の温度を上げるエネルギー源があることを説明します。人類は科学技術の発展とともに，さまざまなエネルギーを大気に放出してきました。どのような人為的なエネルギーが，大気の温度をどのように上げるのかを理解します。

5.1　核分裂反応で核エネルギーが放出される

Q 79　電磁波は大気を温めないのですか？

大気（気体）は地表（固体）と異なり，太陽から届く電磁波を基本的には吸収しません（3.4節参照）。したがって，電磁波のエネルギーは地表付近の大気を温める**直接的な**エネルギー源にはなりません。しかし，電磁波が地表に吸収されて，地表を構成する粒子の粒子間の振動エネルギーが増えれば，地表の温度は上がります。そして，地表とエネルギーをやり取りしている地表付近の大気の温度も上がることになります。太陽から届く電磁波のエネルギーは，地表を経由して大気を温める**間接的な**エネルギー源になります。

Q 80　核分裂反応とは何ですか？

もしも，自然界にないエネルギーが人為的に生み出されると，それは大気を温める**直接的な**エネルギー源となります。たとえば，**核分裂反応**がその一つです。核分裂反応は，大きい原子番号の原子が分裂して，小さい原子番号の原子になる反応のことです。たとえば，ウランの同位体の一つである ^{235}U に中性子を衝突させると，核分裂反応が誘導されて，イットリウム ^{95}Y とヨウ素 ^{139}I と2個の中性子が生成します（図5.1）。元素記号の左上の数字は，質量数（中性子数＋陽子数）を表します。核分裂反応の前の質量数は236（＝1＋235）であり，核分裂反応の後の質量数は 236（=1+1+95+139）であり，もちろん，核分裂反応の前後で，**質量数の合計**は一致しています。核分裂反応の際に発生した2個の中性子が，別の2個の ^{235}U と衝突すると，再び核分裂反応が連鎖的に起こります。

じつは，核分裂反応が起こると，原子の**質量の合計**が反応の前後で減少します。アインシュタインの有名な式（$E=mc^2$）を知っていますか。右辺の m は質量で，c は真空中の光の速さで，左辺の E がエネルギーです。この式は"減少した質量が莫大な**核エネルギー**に変わる"ことを意味しています。なお，2.4節で説明した核融合反応でも，原子の質量の合計が反応の前後で減少し，莫大な核エネルギーが放出され，太陽は高温になります。

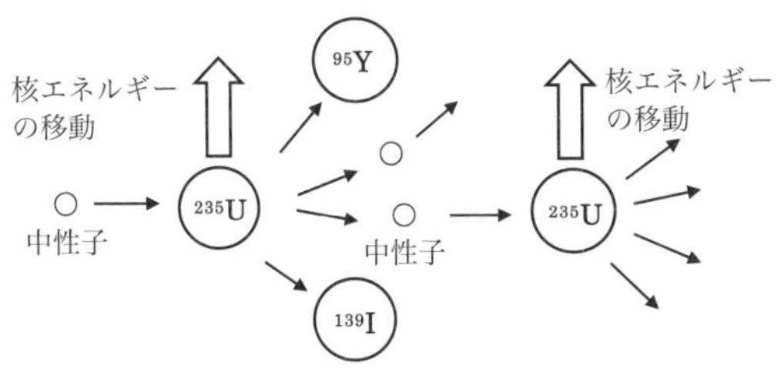

図 5.1　核分裂反応の例

Q 81　核エネルギーは大気を温めますか？

原子力発電では，核分裂反応によって生み出される核エネルギーを使って，水を水蒸気に変えて，発電機のタービンを回し，電気をつくります。その際に，核エネルギーの一部は熱エネルギーとなって，大気に放出されたり，冷却水を温めたりします（図5.2）。原子力発電所のまわりの大気は，核分裂による核エネルギーが大気を構成する分子の運動エネルギーに変わって，温度が上がります。同様に，高温となった原子炉を冷やすための冷却水は温まり，その温まった冷却水が流れ込む海水も温められます。その結果，海面付近の大気は海水から熱エネルギーを受け取って，温度が上がります。

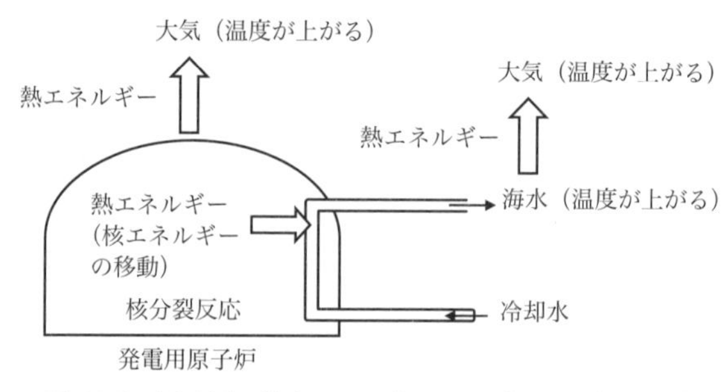

図 5.2　原子炉で放出される核エネルギーと大気の温度

5.2　燃焼反応で化学エネルギーが放出される

Q 82　大気は燃焼で温まるのですか？

燃焼は，物質が酸素と激しく反応して，エネルギーを放出する化学反応です。化学反応によって生まれる**化学エネルギー**は，大気を温める**直接的な**エネルギー源になります。物質の化学エネルギーが大気に移動して，大気を構成する分子の運動エネルギーに変わります。この移動するエネルギーを熱エネルギーとよびます（1.4 節参照）。ほとんどの燃焼反応が**発熱反応**です。99.96 % の大気（N_2 分子，O_2 分子，Ar 原子）は，電磁波のエネルギーを受け取って温まることはありませんが，化学エネルギーを受け取って，ただちに温まります。

Q 83　ストーブで灯油を燃やすと，どうして暖かいのですか？

灯油（炭化水素）を燃焼すると，化学エネルギーが放出されます。化学エネルギーはストーブのまわりの大気を構成する分子の運動エネルギーに変わります。運動エネルギーの増えた分子は，伝言ゲームのように，ただちに衝突によってほかの分子に運動エネルギーを渡し，部屋の中の空気全体の温度が上がります（1.6 節参照）。そして，運動エネルギーの増えた分子が私たちの身体に衝突すれば，私たちは暖かくなったと感じます。

Q 84　燃焼で大気の温度はどのくらい上がりますか？

化石燃料の燃焼だけではなく，水素でもアンモニアでも，どのような物質を燃焼しても，必ず化学エネルギーが大気に放出されます。たとえば，大気の中で25リットルの水素を燃焼させたとしましょう（図5.3）。そうすると，放出される化学エネルギーによって，燃焼させた水素の体積の約1万倍にあたる25×10^4リットルの大気の温度が，1℃も上がります（139ページ，補足4）。あるいは，1個の角砂糖の体積（約2.5 cm^3）の水素を燃焼させると，25リットルの大気の温度が1℃も上がります。この事実は驚くべきことではありません。人類は最初に火を手にしたときから，大気が燃焼で温まることを理解していました。50万年前の北京原人の遺跡からは，洞窟で枯れ枝などを燃やして料理をしたり，暖をとったりした痕跡が発見されたといわれています。

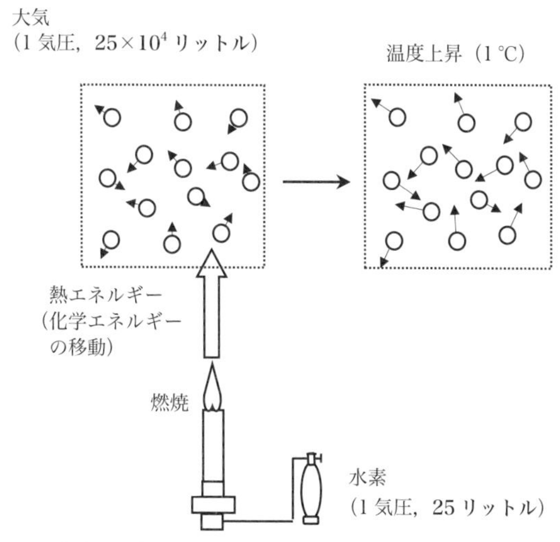

図 5.3　水素の燃焼で放出される化学エネルギーと大気の温度上昇

Q 85　人類は熱エネルギーを大量に放出しているのですか？

18世紀にイギリスで始まった産業革命以来，人類は膨大な量の化学エネルギー（熱エネルギー）を大気に放出してきました。たとえば，蒸気機関車や蒸気船のような蒸気機関は，石炭を燃やして化学エネルギーを生み出し，水を水蒸気に変え，水蒸気が膨張する力で仕事をさせました。石炭の燃焼でなくても，石油や天然ガスの燃焼でも同様です。**火力発電**では，化石燃料の燃焼によって得られる化学エネルギーを利用して，水を水蒸気に変えて発電機のタービンを回し，電気をつくります。ただし，原子力発電でも説明しましたが（5.1節参照），すべての化学エネルギーが電気エネルギーに変わるわけではありません。化学エネルギーの一部は，大気を構成する分子の運動エネルギーに変わり，大気を温める**直接的な**エネルギー源となります。

5.3 輸送や発電で化学エネルギーが放出される

Q 86 航空機はどのようにして空を飛ぶのですか？

知っている読者も多いと思いますが，航空機はジェットエンジンを使って空を飛びます。ジェットエンジンは，前方から吸い込んだ空気を圧縮して，そこに石油系の燃料を混ぜて燃焼させるエンジンです。そのときに発生した高温の気体を後方に勢いよく排出することによって，推力（前に進もうとする力）を得ることができます。そうすると，燃料の燃焼によって生まれた高温の気体（運動エネルギーの大きい分子）が大気に放出されます。大気を構成する分子は，放出された気体を構成する分子と衝突し，運動エネルギーを増やします。その結果，大気の温度が上がります（図 5.4）。

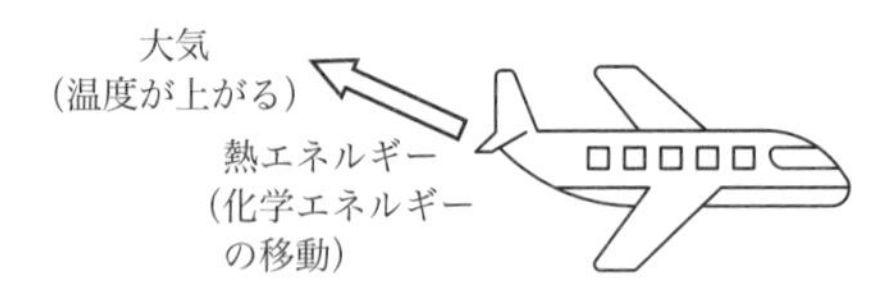

図 5.4 航空機から放出される化学エネルギーと大気の温度

Q 87　自動車も大気の温度を上げますか？

古くからあるガソリン車は，ガソリン（炭化水素）を燃焼して走ります。その際に，エンジンのピストンを動かすだけではなく，高温の気体が大気に放出されます。その結果，大気を構成する分子の運動エネルギーが増えて，大気の温度が上がります（図 5.5）。最近は，ガソリンの代わりに水素を燃焼させて走る車も開発されています。しかし，すでに 5.2 節で説明したように，水素を燃焼すれば，大気に化学エネルギーが放出され，やはり，大気の温度は上がります。次節で説明しますが，工場で水素をつくるときにも熱エネルギーが放出され，大気の温度が上がります。

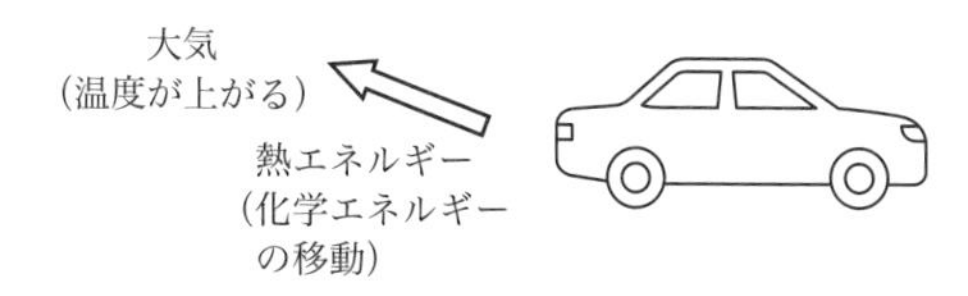

図 5.5　自動車から放出される化学エネルギーと大気の温度

Q 88　発電方法によって，大気の温度への影響は変わりますか？

電気自動車は，走っているときには化学エネルギーを大気に放出しません。しかし，原子力発電や火力発電で電気をつくるときに，大量の核エネルギーや化学エネルギーが熱エネルギーとなって，大気に放出されます（5.1 節，5.2 節参照）。一方，**水力発電**では，ダムの水のポテンシャルエネルギー（位置エネルギー）を電気エネルギーに変えるので，原子力発電や火力発電と異なり，大気の温度を上げることはありません。また，**風力発電**では，風全体の運動エネルギー（物質の外部エネルギー）を電気エネルギーに変えるので，まさつ熱を無視すれば，大気の温度は上がりません（1.5 節参照）。**地熱発電**では，地表を温める熱エネルギーを減らすので（2.1 節参照），むしろ，地表の温度，そして，地表付近の大気の温度を下げます。ほんのわずかですが。

Q 89　太陽光発電ならば，大気の温度を上げませんか？

散歩に出かけると，屋根に太陽光パネルを備えた住宅が増えてきたことに気がつきます。太陽から放射される電磁波（光）を電気に変えて（**太陽光発電**），利用します。基本的には，しくみは太陽電池と同じです。最近はあまり聞かなくなりましたが，太陽光パネルを備えた車が開発されたことがありました。このような車をソーラーカーといいます。ソーラーカーは，太陽光パネルでつくった電気を使って走ります。この場合には，地表に届く電磁波のエネルギーが減ることになるので，むしろ，地表の温度，そして，地表付近の大気の温度を下げることになります。

5.4　電気製品から電気エネルギーが放出される

Q 90　電気製品は大気を温めるのですか？

電気製品は大気を温める**直接的**なエネルギー源です。たとえば，ノートパソコンでもデスクトップのパソコンでも，必ず小型の扇風機がついていて，使うときには，つねにハードディスクを冷やすようになっています。ハードディスクを使うと電流が流れ，電気回路の電気抵抗のために温度が上がって，壊れてしまう可能性があるからです。そこで，電気抵抗によって発生する熱エネルギーを大気に放出して，ハードディスクの温度を下げます（図 5.6）。もう少し詳しく説明すると，電気回路を流れる電子の運動エネルギー（**電気エネルギー**）の一部が，電気回路の金属線を構成する粒子の粒子間の振動エネルギー

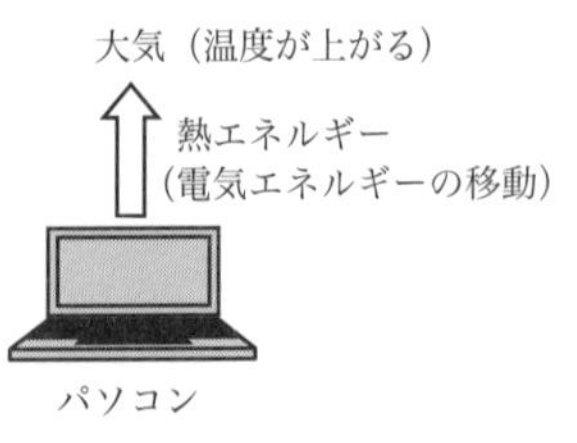

図 5.6　パソコンから放出される電気エネルギーと大気の温度

に変わり，さらに，金属線に衝突する大気を構成する分子の運動エネルギーに変わります。

Q 91　すべての電気製品が大気を温めるのですか？

よく経験することですが，掃除機から吹き出される風も温かいですよね。また，冷蔵庫のまわりの大気も温かいですよね（図 5.7）。モーターによって電気エネルギーの一部が大気に放出されるだけではありません。ヒートポンプによって，冷蔵庫の中の空気を構成する分子の運動エネルギーを，冷媒を経由して，冷蔵庫の外の大気に放出するからです。

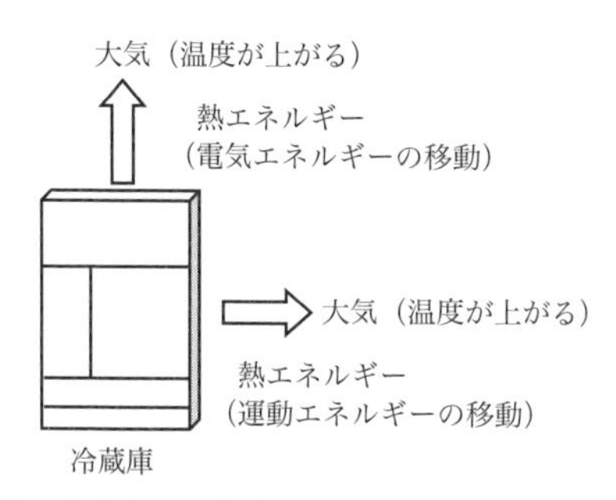

図 5.7　冷蔵庫から放出されるエネルギーと大気の温度

電気抵抗の値が 0 の超伝導体でも使わない限り，すべての電気製品は熱エネルギーでまわりの大気の温度を上げています。また，発電所で電気をつくるときも，送電線で電気を送るときも，パソコンやスマートフォンや電気自動車のバッテリー（蓄電池）に電気を充電するときも，必ず，電気エネルギーの一部が熱エネルギーとなり，その結果，大気の温度が上がります。工場で電気を使って水素などを合成するときにも，熱エネルギーが放出され，大気の温度が上がります。電気で機械を動かしている工場の中は暑いですよね。また，たくさんのパソコンを使って仕事をしているオフィスの中も暑いですよね。熱エネルギーが放出されているからです。

Q 92　電気エネルギーはどのくらいの熱エネルギーになりますか？

中学生のときに習ったと思いますが，電気抵抗に電流を流したときに発生する熱エネルギーの量については，**ジュールの法則**が成り立ちます（$Q=I^2Rt$）。電流値 I が大きければその値の 2 乗に比例して，抵抗値 R が大きければその値に比例して，電気エネルギーがたくさんの熱エネルギー Q となります。また，電気製品を使用する時間 t が長ければ長いほど，熱エネルギーの量は多くなります。たとえば，セラミックヒーターなどは，効率的に電気エネルギーを大気に放出する暖房器具です。熱エネルギーによって，暖房器具の前面の大気だけではなく，伝言ゲームのように，大気を構成する分子の運動エネルギーが増えて，部屋全体の温度が上がります。

Q 93　都市部の気温は農村部よりも高いのですか？

都市部の気温は農村部よりも高くなります。これを**ヒートアイランド現象**といいます。農村部の地表は水分を含む土壌が多く，太陽から届く電磁波のエネルギーを水の蒸発のためのエネルギーとして使うので，気温は低くなります。一方，都市部では水の蒸発は少なく，また，大量の電気が使われていて，電気エネルギーの一部が熱エネルギーに変わります。これを**人工排熱**ともいいます。たとえば，夏の暑い日にクーラーをつければ，室内の温度は下がりますが，室外の温度（気温）は上がります。もしも，都市部で電気を使わなければ，ヒートアイランド現象を抑えることができます。まったく電気を使わないことは不可能だとしても，**節電は，確かに，気温を上がりにくくし，地球温暖化を抑えることができます。**電気製品を使用する電気エネルギー，原子力発電で得られる核エネルギー，燃焼で生まれる化学エネルギーなど，人類が消費するエネルギーの合計は，地球の中心のコアからマントルへ放出されるエネルギーの約 2 倍，そして，地表から放出されるエネルギーの約 3 割と見積もられています[†]。

---

† 廣瀬 敬，“地球の中身　何があるのか，何が起きているのか”，講談社（2022）.

5章のまとめ

1. 原子炉で起こる核分裂反応では，質量がエネルギーに変わり，膨大な量の核エネルギーが人為的に生まれます。
2. 核分裂反応で生まれる核エネルギーの一部は，熱エネルギーとなって大気を温めます。
3. 燃焼反応では，化学エネルギーが放出され，熱エネルギーとなって大気を温めます。
4. ある体積の水素を燃焼させると，その約1万倍の体積の大気の温度を1℃も上昇させます。
5. 航空機もガソリン車も，燃焼によって高温の気体を放出し，大気を温めます。
6. 電気を使うと，電気回路の電気抵抗のために，電気エネルギーの一部が熱エネルギーとなって大気を温めます。
7. 発電するときも，送電するときも，充電するときも，まわりの大気を温めます。
8. 都市部では大量の電気を使うために，熱エネルギー（人工排熱）が放出され，農村部よりも気温が高くなります。節電によって，地球温暖化を抑えることができます。

第 II 部

熱エネルギーを蓄える
さまざまな分子運動

6章　気体，液体，固体の熱容量を調べる

この章では，大気が温まりやすいか温まりにくいかは，大気を構成する分子の運動で決まることを理解します。また，分子の運動には空間を移動する運動だけでなく，回転運動や振動運動などの分子内運動があり，分子内運動のエネルギーが増えても，温度が上がらないことを説明します。

6.1　アルゴンは温まりやすい

Q 94　熱容量とは何ですか？

やかんに水を入れて，お湯を沸かすとしましょう。やかんはすぐに熱くなって，触るとやけどをします。しかし，水が沸騰してお湯になるまでには，時間がかかります。このように，やり取りするエネルギー（熱エネルギー）の量が同じでも，物質は温まりやすく冷めやすかったり，あるいは，温まりにくく冷めにくかったりします。この性質の違いは，物質を構成する分子や粒子の運動を調べるとわかります。物質は熱エネルギーを分子や粒子のさまざまな運動エネルギーとして蓄えるからです。物質の温度を1℃上げるために必要な熱エネルギーの量を**熱容量**といいます。電気のことに詳しい読者は，同じような言葉として，**電気容量**を思い浮かべるかもしれませんね。コンデンサーが蓄える電荷の量が“電気容量”で，物質が蓄える熱エネルギーの量が“熱容量”です。熱エネルギーは，物質を構成する分子や粒子のさまざまな運動エネルギーとして蓄えられます。

Q 95　アルゴンの熱容量はどのくらいですか？

まずは，気体の熱容量について説明します。たとえば，単原子分子であるAr原子からなるアルゴンの熱容量を調べてみましょう。物質量が1モルのア

ルゴンに熱エネルギーを与えて，温度を25 ℃から26 ℃まで1 ℃上げたとします。物質量が1モルの気体というのは，1気圧で約25リットルの体積の気体のことです（1.2節参照）。アルゴンの気体の温度を1 ℃上げるために必要な熱エネルギーは，20.78 J であることがわかっています。ここで，J（ジュール）はエネルギーを表す単位です。

なお，この本では，とくに断らない限り，**気体の物質量を1モル，圧力を1気圧（大気圧）**として，熱容量を説明します。

Q 96　気体は熱エネルギーで膨張しますか？

物質は熱エネルギーを受け取って温度が上がると，体積が増えます。これを**膨張**といいます。すでに説明したように，物質を構成している分子や粒子の運動が激しくなるからです。とくに，固体よりも液体，液体よりも気体の膨張が顕著です（1.7節参照）。気体が膨張して，体積が増えるということは，気体全体が気体の外に向かって運動をするということです。1.5節では風全体を点線の四角で表しましたが，膨張は点線の四角が大きくなることを意味します。このときに使われるエネルギーは外部エネルギーであり（1.5節参照），**仕事**といったり，**仕事エネルギー**といったりします。風船を膨らませるときに，息を吹き込む力（エネルギー）が必要なことと，原理的には同じです。

Q 97　熱エネルギーの一部が仕事に使われるのですか？

アルゴンの温度を1 ℃上げるために必要な熱エネルギーは20.78 J であると説明しました。しかし，そのうちの8.31 J が，アルゴンを膨張させるための仕事エネルギーとして使われます。これは**物質全体の運動エネルギー**であり，アルゴンの温度とは関係ありません（1.5節参照）。残りの12.47 J がアルゴンを構成する**分子の運動エネルギー**の増加として使われて，アルゴンの温度が1 ℃上がります（図6.1）。アルゴンだけでなく，気体を膨張させるための仕事エネルギーは，どのような種類の気体でも，ほとんど変わらないことがわかっています。

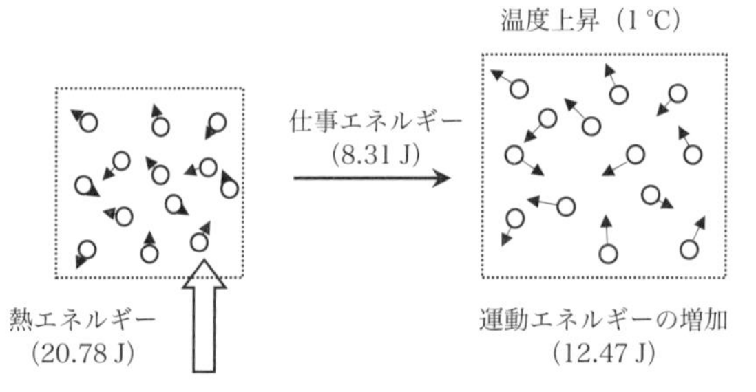

図 6.1　単原子分子からなる気体の温度上昇

もしも，体積の変わらない密閉容器の中に入れた状態で，アルゴンに熱エネルギーを与えたならば，アルゴンは膨張しません。つまり，外部エネルギー（8.31 J）は必要ありません。そうすると，密閉容器の中のアルゴンの温度を 1 ℃上げるために必要な熱エネルギーは，内部エネルギーである分子の運動エネルギーの増加の 12.47 J だけで充分になります（図 6.2）。

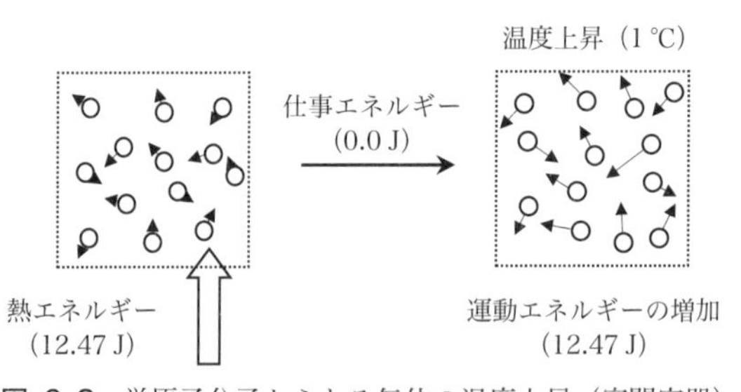

図 6.2　単原子分子からなる気体の温度上昇（密閉容器）

Q 98　単原子分子からなる気体の熱容量はすべて同じですか？

どのような単原子分子からなる気体でも，温度を 1 ℃上げるために必要な熱エネルギー（熱容量）は，膨張のための仕事エネルギー（8.31 J）と，気体を構成する分子の運動エネルギーの増加（12.47 J）を足し算して，20.78 J になります（図 6.1 参照）。また，単原子分子からなる気体の温度を 2 ℃上げるためには，2 倍の 41.56 J の熱エネルギーが必要になります。物質量が 2 倍になると，やはり，2 倍の 41.56 J の熱エネルギーが必要になります。

6.2　二原子分子は回転運動をする

Q 99　空間を移動しない分子運動があるのですか？

6.1節では，気体に熱エネルギーを与えると，熱エネルギーの一部が物質としての仕事エネルギーに使われ，そのほかの熱エネルギーが，気体を構成する分子の運動エネルギーに変わると説明しました。このとき，Ar原子のような単原子分子の運動は，空間を移動する運動であると考えました。しかし，N_2分子やO_2分子のような二原子分子では，分子が空間を移動する運動のほかに，分子が空間を移動しなくても，分子を構成する原子が空間を動く運動があります。このような運動を**分子内運動**といいます。

単原子分子以外の分子では，さまざまな運動を考える必要があるので，以降，**空間を移動する運動を並進運動とよび，そのエネルギーを並進エネルギーとよんで，分子内運動と区別する**ことにします。

Q 100　二原子分子にはどのような分子内運動がありますか？

二原子分子では，分子自体が空間を移動しなくても，**質量中心**を中心として，2個の原子が回転する**回転運動**があります。質量中心というのは，物体の重心に相当します。N_2分子やO_2分子のような等核二原子分子では，質量中心は2個の原子の結合の中点にあります。仮に質量中心を指でささえると，2個の原子はバランスをとることができます。質量中心が動かずに，分子を構成する原子が動く運動が分子内運動です。

Q 101　二原子分子の回転運動は2種類ですか？

二原子分子の回転運動を図6.3に示します。質量中心を小さい丸（○）で表し，原子の動きを矢印（➜）で表し，回転軸（----）まわりの回転運動を曲がった矢印（↷）で表しました。二原子分子には，質量中心を通り結合軸に垂直な回転軸が2種類あります。したがって，それぞれの回転軸に関する回転運動が2種類あります。一つは紙面内で原子が動く回転運動であり（図6.3左），もう一つは紙面に垂直な水平面内で原子が動く回転運動です（図6.3中央）。結合軸を回転軸としても運動ではありません（図6.3右）。これは，串団子の串を回転させても団子の位置が動かないように，分子を構成する原子が動かないので，運動にはなりません。

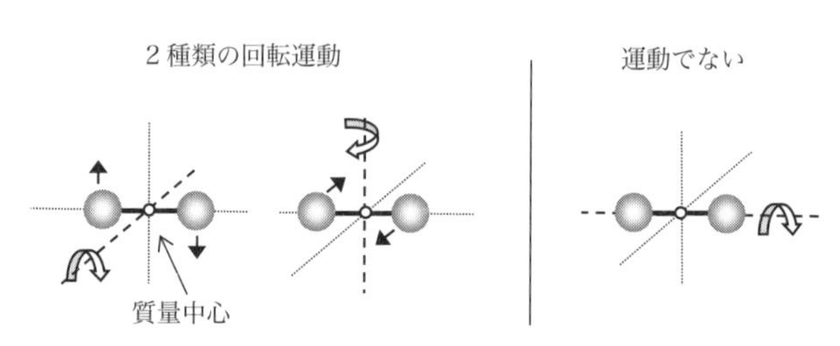

図 6.3　二原子分子の回転運動

Q 102　二原子分子からなる気体の熱容量はどのくらいですか？

どのような気体でも，単原子分子と同様に，温度を1℃上げるためには，まず，気体の膨張のために使われる8.31 Jの仕事エネルギーと，12.47 Jの分子の並進エネルギーの増加が必要です（図6.4）。さらに，二原子分子は単原子分子と異なり，8.31 Jの熱エネルギーを分子の回転運動のエネルギー，つまり，**回転エネルギー**として蓄えます。結局，二原子分子からなる気体の温度を1℃上げるためには，合計で29.09 J（＝8.31 J＋12.47 J＋8.31 J）の熱エネル

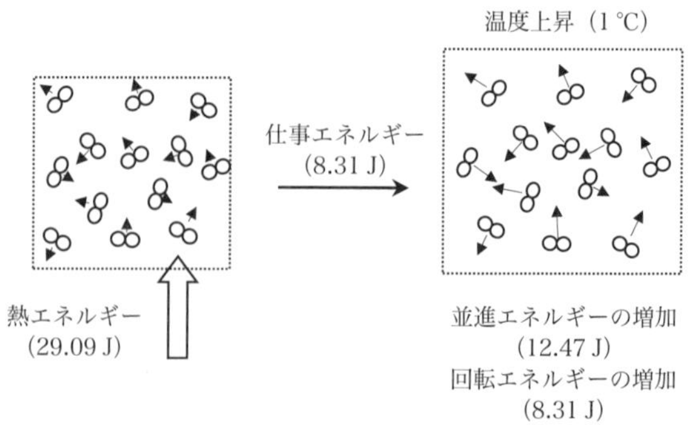

図 6.4　二原子分子からなる気体の温度上昇

ギーが必要となります。

6.3　分子内運動は温度に反映されない

Q 103　大気の熱容量はどのくらいですか？

大気は 99 %が窒素と酸素からできています。窒素や酸素は二原子分子からなる気体なので，大気の温度は約 29.09 J の熱エネルギーで 1 ℃上がります。もしも，大気が仮に単原子分子からなるアルゴンだけからできていたとすると，すでに 6.1 節で説明したように，20.78 J の熱エネルギーで 1 ℃上がります。言い換えると，同じ熱エネルギーの量では，アルゴンだけからなる大気のほうが，窒素や酸素からなる実際の大気よりも，温まりやすいことになります。

Q 104　熱容量が大きいと温まりにくいのですか？

物質の熱容量と温度との関係を理解するためには，川をイメージするとわかりやすいかもしれません。上流で同じ量の雨が降っても，川幅の広い川の水位は川幅の狭い川よりも低いですよね。二原子分子には並進運動と回転運動があって川幅は広く，一方，単原子分子には並進運動しかないので，川幅は狭いとイメージすればよいのです。川幅が気体の熱容量（分子運動の種類の数）に相当し，上流で降った雨が気体の受け取るエネルギー（熱エネルギー）に相当し，水位が温度に相当します。分子運動の種類の数が増えれば，川幅が広くなったようなものなので，同じ熱エネルギーの量でも，温度は上がりにくくなります。こうして，二原子分子からなる気体は，単原子分子からなる気体よりも，温まりにくく冷めにくいことがわかります。“熱容量の大きい物質は温まりにくく冷めにくく，熱容量の小さい物質は温まりやすく冷めやすい”と覚えておきましょう。

Q 105　氷山は回転エネルギーで融けないのですか？

地球温暖化でよく話題となっている“氷山の融解”を，分子や粒子の運動エネルギーで考えてみましょう（図 6.5）。氷山の表面付近の大気を構成する分子（N_2 分子や O_2 分子など）は，つねに氷山と衝突してエネルギーをやり取りしています。もしも，地球温暖化で大気の温度が上がれば，大気を構成する分子の並進エネルギーは大きくなり，氷山に渡すエネルギーも大きくなります。その結果，氷山の温度は上がって融解します（図 6.5a）。もしも，大気を構成する分子自体（質量中心）が止まっていて，氷山と衝突しなければ，分子がゆっくり回転していても，激しく回転していても，氷山の温度は変わらないから融解しません（図 6.5b）。分子の回転エネルギーが氷山に伝わらないからです。分子が温度計と衝突しなければ，気温が測れないことと同じですね（1.7 節参照）。**地球温暖化を防ぐためには，回転運動のような分子内運動のエネルギーではなく，大気を構成する分子の並進エネルギーを増やさないことが必要**です。

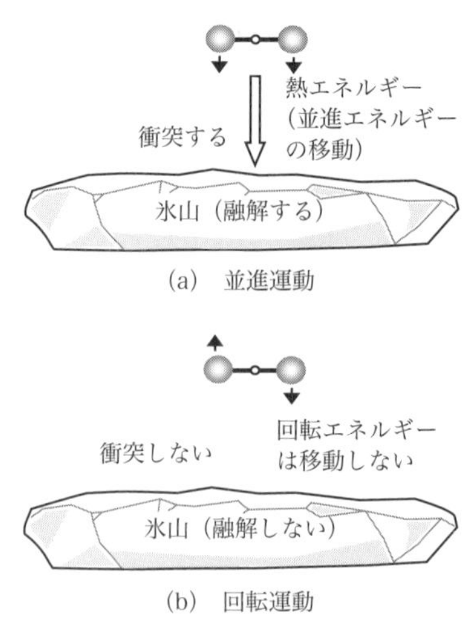

図 6.5　大気を構成する分子の運動と氷山の融解

6.4　二原子分子は振動運動をする

Q 106　回転運動以外の分子内運動はありますか？

じつは，二原子分子には，もう1種類の分子内運動があります。分子の質量中心（○）は空間を移動せずに，結合の距離が伸びたり縮んだりする分子内運動です（図6.6）。これを**振動運動**といい，図6.6に示したものは**伸縮振動**とよびます。分子を構成する2個の原子が，ばねでつながれているようなものです。N_2分子やO_2分子のような等核二原子分子では，質量中心に対して，左の原子と右の原子が一緒に同じ距離だけ動くと，結合の中点にある分子の質量中心は空間を移動しません。しかし，分子を構成する原子が動くので，伸縮振動は分子内運動となります。

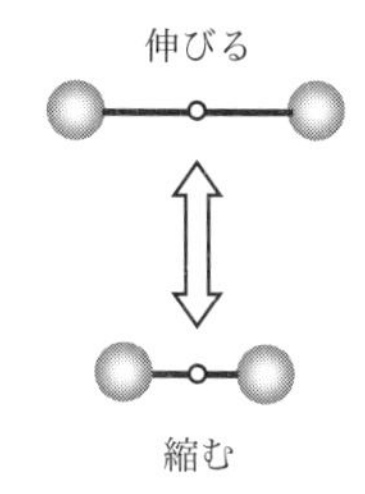

図 6.6　二原子分子の振動運動（伸縮振動）

Q 107　エネルギーは連続ではないのですか？

日常，私たちが目にしている物体のエネルギーは連続です。たとえば，野球のピッチャーは，投げるボールの速さを投球ごとに連続的に変えることができますし，それに伴って，ボールの運動エネルギーも連続的に変わります。しかし，原子や分子のようなミクロの世界では，エネルギーは連続になっていません。量子論によれば，容器の中の気体を構成する分子の並進エネルギーも回転エネルギーも，不連続（とびとびの値）になっています（139ページ，補足5）。イメージしやすいように，建物に例えるならば，エネルギーの大きさが階段になっているようなものです。図 6.7 では，縦軸に並進運動のエネルギー（並進エネルギー）をとり，分子を○で描きました。階段の下のほうは並進エネルギーが小さく，上のほうは並進エネルギーが大きいことを表しています。また，分子は階段の段と段の途中にとどまることはできません。基本的に，分子はエネルギーの低い安定な状態になろうとするので，階段の下のほうに集まります。ちょうど，たくさんの乾いた砂を目の高さから落とすと，地面に砂山ができるようなものです（139 ページ，補足 6）。もしも，温度が絶対零度ならば，すべての分子がもっとも低い段に集まります。室温では，並進エネルギーをもつ分子，つまり，空間を移動している分子があります。ゆっくり動いている分子は階段の下のほうにいて，速く動く分子は階段の上のほうにいます。なお，図 6.7 では，説明をわかりやすくするために，それぞれの段の分子（○）の相対的な数は，実際のものとは異なり，適当に描いています。

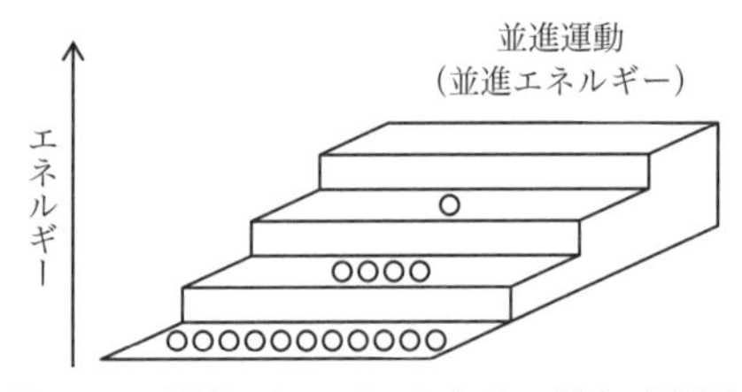

図 6.7　並進エネルギーと分子の割合（室温）

Q 108　振動エネルギーも連続ではないのですか？

二原子分子は振動運動をすると説明しました。振動運動のエネルギー，つまり，**振動エネルギー**も，並進エネルギーや回転エネルギーと同様に，とびとびの値になっています。振動エネルギーの安定な状態と不安定な状態の間隔は，並進エネルギーや回転エネルギーに比べると大きく離れています。建物に例えると，階段ではなく，1 階と 2 階のようなものです（図 6.8）。1 階はエネルギーが低くて安定な状態を表し，2 階はエネルギーが高くて不安定な状態を表します。室温では，N_2 分子や O_2 分子のような二原子分子は，ほとんどが振動エネルギーの低い安定な 1 階にいて，振動エネルギーの高い不安定な 2 階にはいません。1 階から 2 階に上がるためには，たくさんのエネルギーが必要なのです。

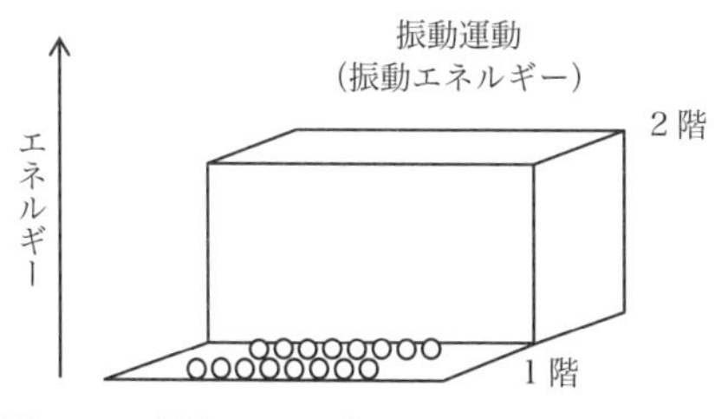

図 6.8 振動エネルギーと分子の割合（室温）

6.5 熱エネルギーを振動エネルギーとして蓄える

Q 109 分子が衝突すると並進エネルギーはどうなりますか？

分子が分子と衝突するまでの時間はとても短く，10^{-8}〜10^{-7} 秒と見積もられています（139 ページ，補足 7)。言い換えれば，1 秒間に約 1 億回も衝突しているという意味です。したがって，大気の中の分子はつねに衝突を繰り返して，並進エネルギーをやり取りしていると考えられます。個々の分子の並進エネルギーは刻一刻と変化していますが，温度が一定ならば，すべての分子の並進エネルギーの平均値は変わりません。これを**熱平衡状態**ともいいます。

Q 110 室温で，並進エネルギーは振動エネルギーとして蓄えられますか？

並進エネルギーの階段を登って，振動エネルギーの 1 階から 2 階に上がることができるかどうかを考えてみましょう。図 6.9 では，並進エネルギーの階段を左側に描き，振動エネルギーの 2 階を右側に描きました。実際には，2 階の高さに比べると，並進エネルギーの階段の段差はとても小さく，ほとんどスロープになりますが，わかりやすいように，以降も階段のまま説明します。並進エネルギーの階段を登って，振動エネルギーの 2 階に上がることができれば，並進エネルギーを振動エネルギーに変えて，蓄えたことになります。分子間の衝突によって，並進エネルギーを増やした分子は階段を登り，並進エネルギーを減らした分子は階段を降ります。しかし，室温では，ほとんどの分子の並進エネルギーは，それほど大きくありません（1.2節参照）。分子間の衝突によって，せっかく並進エネルギーを増やした分子でも，2階と同じ高さの段に登ることはできません。室温では，N_2分子やO_2分子のような二原子分子は，並進エネルギーを振動エネルギーに変えて蓄えることはできないのです。

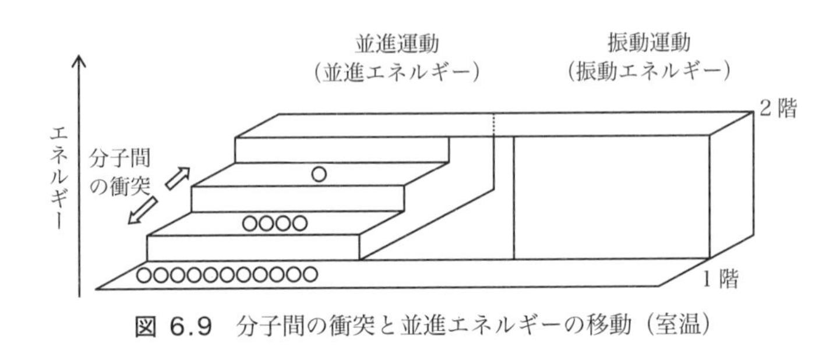

図 6.9　分子間の衝突と並進エネルギーの移動（室温）

Q 111　室温で，熱エネルギーは振動エネルギーとして蓄えられますか？

気体が熱エネルギーを少し受け取ったとしましょう。このとき，分子は熱エネルギーを並進エネルギーに変えて，階段を少し登ることはできます。熱エネルギーを並進エネルギーとして蓄えたという意味です。しかし，室温では，もともとの並進エネルギーが小さいので，受け取った熱エネルギーで並進エネルギーの平均値を増やしたとしても，2階と同じ高さの段に上がるためのエネルギーとしては不十分です（図6.10）。N_2分子やO_2分子のような二原子分子は，室温では，たくさんの熱エネルギーを受け取らないと，熱エネルギーを振動エネルギーとして蓄えることができません。

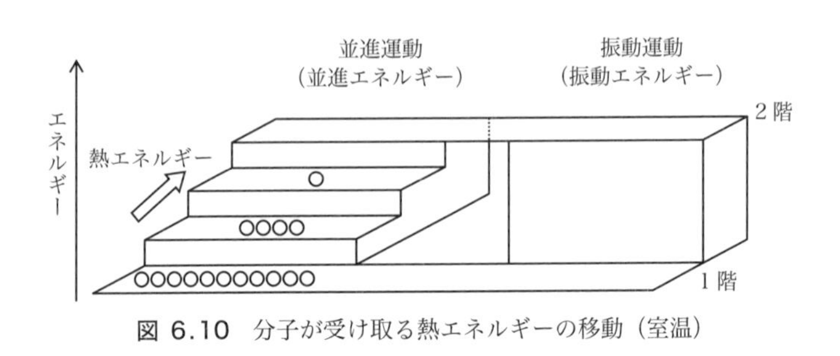

図 6.10　分子が受け取る熱エネルギーの移動（室温）

Q 112 高温では，熱エネルギーは振動エネルギーとして蓄えられますか？

それでは，高温ではどうなるでしょうか。高温ということは，並進エネルギーの大きい分子が多いということです。つまり，並進エネルギーの階段の上のほうにいる分子が，室温のときよりも多いことを意味します。そのような分子が，分子間の衝突によって，ほかの分子から並進エネルギーを受け取ると，2階と同じ高さの段に登ることができます。同様に，熱エネルギーを受け取ると，熱エネルギーを並進エネルギーに変えて，2階と同じ高さの段に登り，さらに，振動エネルギーの2階に移動することもできます（図6.11）。これは，熱エネルギーを振動エネルギーとして蓄えたことを意味します。このエネルギー移動を，図6.11では並進エネルギーから振動エネルギーに向かう右向きの矢印で描き，エネルギー移動する前の分子を破線の丸印（◌）で示しました。エネルギーの大きさが同じ水平の移動なので，追加のエネルギーは必要ありません。分子のエネルギーは自然に変わります。結局，N_2分子やO_2分子のような二原子分子が同じ量の熱エネルギーを受け取ったときに，室温では振動エネルギーとして蓄えることはできませんが，高温では蓄えることができます。熱容量（分子が蓄える熱エネルギーの量）は温度に依存し，高温では振動運動にもエネルギーを蓄えることができるために，熱容量が大きくなるという意味です。

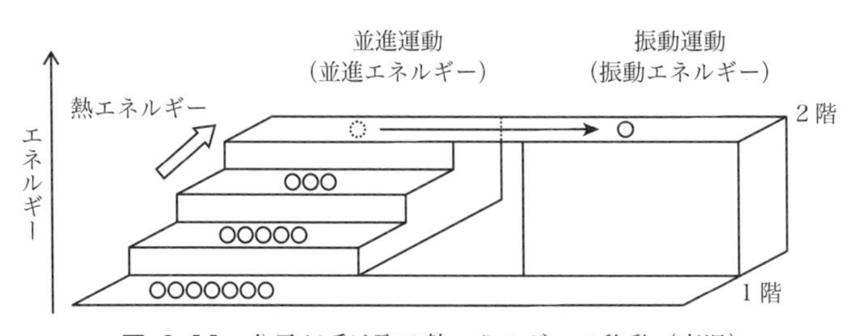

図 6.11　分子が受け取る熱エネルギーの移動（高温）

6.6 水は温まりにくい

Q 113 水素結合とは何ですか？

たとえば，1個の H_2O 分子の中で，O 原子は H 原子に比べて，分子内の電子を引っ張る力が強いことがわかっています。これを“O 原子のほうが H 原子よりも**電気陰性度**が大きい”と表現します。その結果，分子内に電気的な偏りができて，O 原子は少し負の電荷をもち，H 原子は少し正の電荷をもちます。そして，ある H_2O 分子の負の電荷をもつ O 原子と，別の H_2O 分子の正の電荷をもつ H 原子の間には，**静電引力**がはたらきます。これを**水素結合**といいます。

Q 114 氷と水で H_2O 分子の配置は異なりますか？

固体の氷を構成する H_2O 分子は，水素結合によって，しっかりと規則的に並んでいて，結晶となっています。ただし，圧力や温度によって，氷の中の H_2O 分子の配置は変わります。大気圧で，極低温での氷（結晶）のようすを模式的に図 6.12 に示します。ある H_2O 分子の H 原子と別の H_2O 分子の O 原子を結ぶ点線が水素結合を表します。1.3 節で説明したように，固体の氷を構成する H_2O 分子の運動は粒子間振動（あるいは格子振動）です。温度が一定ならば，氷を構成する H_2O 分子の分子間の水素結合が，振動運動によって切断されることはありません。一方，液体の水では，氷を構成する H_2O 分子の分子間の水素結合の一部が切断されています。その結果，数個から数千個の

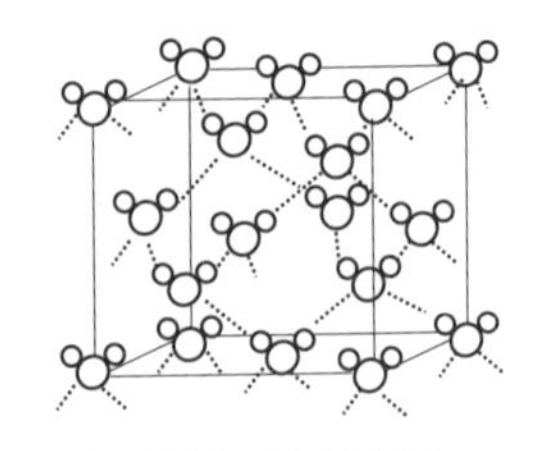

分子運動：粒子間振動

図 6.12 氷（固体）を構成する H_2O 分子の配置と分子運動

H_2O 分子の集団となっています（図 6.13）。このような集団を**クラスター**とよびます。クラスターには“ブドウの房”という意味があります。図 6.13 で示したネットワーク構造が 3 次元に広がっていると想像すると，H_2O 分子がブドウの房のように連なっているように思えてきませんか。

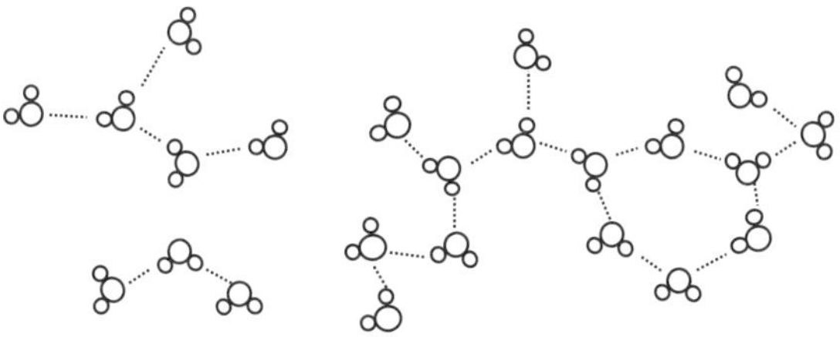

分子運動：クラスターの並進運動，回転運動
クラスター間の振動運動
クラスター内の分子間の振動運動

図 6.13 水（液体）を構成する H_2O 分子の配置と分子運動

Q 115 水の分子運動はどのようになっていますか？

水はクラスターでできています。クラスター同士も弱い水素結合をしていて，クラスター間の距離が伸びたり縮んだりします。これは氷を構成する H_2O 分子の粒子間振動（あるいは格子振動）に対応します。また，クラスター間の水素結合は，氷の H_2O 分子の水素結合ほど強くないので，それぞれのクラスターが空間を移動する運動や回転する運動もあります。これらは水蒸気を構成する H_2O 分子の並進運動や回転運動に対応します。さらに，クラスター内で，クラスターを構成する H_2O 分子の分子間の距離が伸びたり縮んだりする振動運動もあります。クラスターはぐにゃぐにゃと運動をしているというイメージです。

Q 116 水と氷では，どちらの熱容量が大きいのですか？

6.5 節までは気体の熱容量の説明をしました。ここでは，液体や固体の熱容量を考えてみましょう。水のクラスター（液体）は，氷（固体）に比べて分子運動の種類の数が多く，熱エネルギーをさまざまな運動エネルギーとして蓄えたり，放出したりすることができます。6.3 節で説明した川で例えると，水のクラスターは川幅の広い川のようなものです。液体の水の熱容量は固体の氷の熱容量よりも大きく，水は温まりにくく冷めにくくなります。固体の氷の温度を 1 ℃上げるためには約 37.1 J の熱エネルギーで充分ですが，液体の水の温度を 1 ℃上げるためには，その約 2 倍の 75.3 J の熱エネルギーが必要です。

Q 117　熱容量と比熱は違うのですか？

物理の分野では，物質の温まりやすさや冷めやすさを表す言葉として，熱容量ではなく，**比熱**という物理量がよく使われます。比熱は**単位質量あたり**の熱容量（**比熱容量**）のことです。たとえば，1 グラムの水の温度を 1 ℃上げるためには，4.184 J の熱エネルギーが必要です。この本では，**単位物質量あたり**の熱容量（**モル熱容量**）を，たんに，熱容量とよんでいます。水の 1 モルの質量は約 18 グラムなので，“水の温度を 1 ℃上げるためには，75.3 J（＝18×4.184 J）の熱エネルギーが必要です”と説明しています。国際的には比熱ではなく，モル熱容量を使うことが推奨されています。

6.7　昼間は海風が吹き，夜間は陸風が吹く

Q 118　どうして浜辺の砂は海の水よりも熱いのですか？

夏に，海水浴で海に出かけることがありますよね。ギラギラと輝く太陽の日差し（日光）で，浜辺の砂はとても熱くなります。ビーチサンダルを履いていなければ，足の裏を火傷してしまいそうです。そんなときに，海に入ると，冷たくて気持ちがよいと感じたことはありませんか。太陽から放射される電磁波が同じように届いているのに，砂は温度が上がりやすく，海水は温度が上がりにくいからです。これも砂と海水の熱容量の違いによって説明できます。砂（固体）の熱容量のほうが小さく，海水（液体）の熱容量のほうが大きいからです。また，海水（液体）は対流するけれども，砂（固体）は対流しないことも影響しています。

Q 119　海洋と陸地で熱容量が違うのですか？

今度はもう少し広い範囲を考えてみましょう。海洋は熱容量の大きい液体の水であり，陸地は熱容量の小さい固体などでできています。液体はクラスターでできていて，熱エネルギーをクラスターの並進運動や回転運動，クラスター間の振動運動やクラスター内の振動運動など，さまざまな種類の運動エネルギーとして蓄えます（6.5 節参照）。一方，固体は，構成する粒子の粒子間振動に熱エネルギーを蓄えます。つまり，海洋の熱容量は陸地の熱容量よりも大きく，温まりにくく冷めにくくなります。

Q 120　どうして昼間と夜間で風向きが変わるのですか？

昼間には，陸地は太陽から届く同じ量の電磁波のエネルギーを受け取っても，海洋よりも温まりやすくなります（図 6.14a）。そうすると，陸地とエネルギーをやり取りしている陸地付近の大気の温度は高くなり，陸地付近の大気を構成する分子の並進運動が活発になり，単位体積あたりの分子の数が減ります。密度が小さくなれば，陸地付近の大気は上昇気流となります。その気流を補うように，海洋とエネルギーをやり取りしている海洋付近の大気が，陸に向かって移動します。これを**海風**といいます。海から吹く風という意味です。一方，夜間には，太陽から届く電磁波がなく，陸地や海洋からは赤外線が放射されます（図 6.14b）。そうすると，熱容量の小さい陸地付近の大気のほうが冷めやすく，熱容量の大きい海洋付近の大気のほうが冷めにくいので，夜間には陸から海へ向かって**陸風**が吹きます。そして，陸地付近の大気は下降気流となり，海洋付近の大気は上昇気流となります。

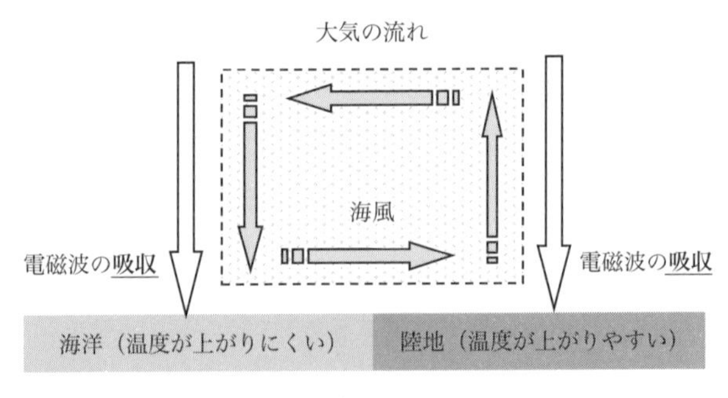

(a)　昼間

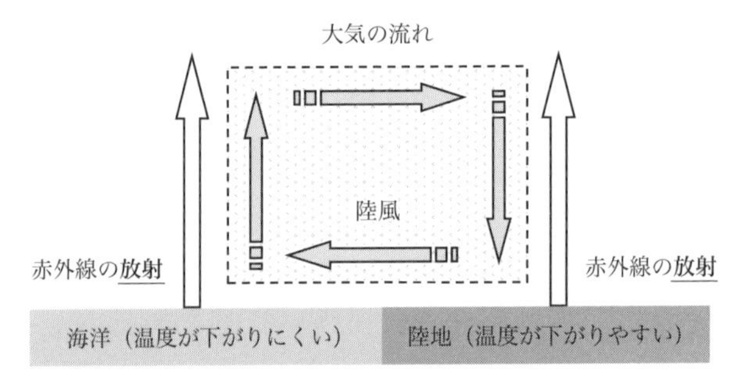

(b)　夜間

図 6.14　海風と陸風が吹く原因

6章のまとめ

1. 物質には，温まりやすく冷めやすい物質と，温まりにくく冷めにくい物質があります。この性質の違いは，物質を構成する分子や粒子の運動で決まります。
2. 物質を構成する分子や粒子の運動の種類の数が多いと，熱容量が大きく，逆に，少ないと，熱容量が小さくなります。
3. 単原子分子の運動は並進運動のみであり，熱容量は大きくありません。
4. 二原子分子の運動は並進運動と回転運動と振動運動であり，熱容量は単原子分子よりも大きくなります。ただし，一般的に，室温では振動運動は熱容量に影響しません。
5. 同じ量の熱エネルギーでは，単原子分子よりも二原子分子のほうが，温度は上がりにくく冷めにくくなります。
6. 固体の水の H_2O 分子は，水素結合によって規則的に配置されています。液体の水は，数個から数千個の H_2O 分子がクラスターを形成しています。
7. 液体の水には，クラスターの並進運動や回転運動，クラスター間の振動運動，クラスター内の H_2O 分子の分子間の振動運動など，さまざまな運動があります。
8. 一般的に，液体の熱容量は固体の熱容量よりも大きく，温まりにくく冷めにくくなります。その結果，昼間には海風が吹き，夜間には陸風が吹きます。

7章　H_2O分子の分子運動を調べる

この章では，水蒸気を構成するH_2O分子の分子運動について調べます。H_2O分子は，大気を構成する分子よりも運動が複雑で，たくさんの熱エネルギーを運動エネルギーとして蓄えることができることを説明します。その結果，水蒸気を含む大気が温まりにくく冷めにくいことを理解します。

7.1　大気には水蒸気が含まれる

Q 121　水蒸気は大気にどのくらい含まれていますか？

1.2節で説明したように，乾燥した大気は約78 %の窒素と約21 %の酸素と約1 %のアルゴンの気体からできています。しかし，ふつうは水蒸気が大気に含まれていて，その量はアルゴンの気体よりも多くなることもあります。大気に含まれる水蒸気の最大量は，**蒸気圧曲線**から求めることができます。蒸気圧曲線というのは，温度を横軸にとり，液体の水と気体の水蒸気が共存しているときの水蒸気の圧力を縦軸にとったグラフのことです（図7.1）。グラフの左端の0 ℃は水の**凝固点**であり，水が氷になる温度なので，水蒸気はほとんどあ

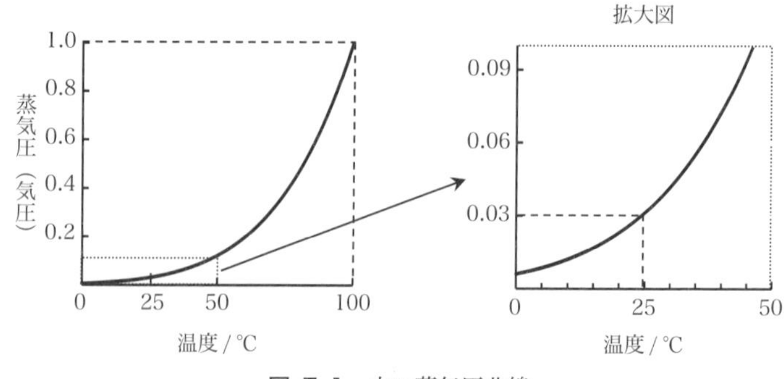

図 7.1　水の蒸気圧曲線

りません。また，グラフの右端の 100 ℃は水の**沸点**であり，水が水蒸気になる温度なので，大気の中の水蒸気の圧力はほとんど 1 気圧（大気圧）になります。それでは，たとえば，気温が 25 ℃の場合に，水蒸気の圧力がどうなるかを調べてみましょう。図 7.1 の左の図ではわかりにくいので，蒸気圧曲線を拡大して右に示しました。この拡大図から，25 ℃での水蒸気の圧力が約 0.03 気圧であることがわかります。つまり，25 ℃で，大気（1 気圧）に含まれる水蒸気の量は約 3 %です。

Q 122　相対湿度と絶対湿度の違いは何ですか？

気温が 25 ℃で，雨が降って水たまりができていれば，水と水蒸気が大気の中で共存していて，そのときの水蒸気の圧力が約 0.03 気圧です。このような場合には，“湿度は 100 %”といいます。しかし，雨が降っていなくても，水たまりがなくても，大気の中に水蒸気はあります。たとえば，25 ℃で大気の中の水蒸気の圧力が 0.01 気圧だったとしましょう。25 ℃では，最大で 0.03 気圧の水蒸気（**飽和水蒸気圧**）が大気の中に存在できるから，水蒸気の割合は約 33 %［＝100×(0.01 / 0.03)］になります。これを正式には**相対湿度**といいますが，略して，日常的には**湿度**といいます。同じ相対湿度でも，気温によって大気に含まれる水蒸気の量は変わります。相対湿度に対して，一辺が 1 メートルの立方体を考え，1 立方メートル（1 m^3）の体積の大気に含まれる水蒸気の質量を**絶対湿度**といいます。相対湿度の値が同じでも，温度が低ければ絶対湿度の値は小さくなります。逆に，温度が高ければ絶対湿度の値は大きくなります。冬になって気温が下がると，相対湿度の値が同じでも，大気に含まれる水蒸気の量は少なくなり，皮膚がカサカサと乾燥します。夏になって気温が上がると，相対湿度の値が同じでも，大気に含まれる水蒸気の量は多くなり，ムシムシと感じます。

7.2　H_2O 分子は回転運動をする

Q 123　H_2O 分子に並進運動はありますか？

水蒸気は H_2O 分子で構成される気体です。これまでに，Ar 原子などの単原子分子の運動と，N_2 分子や O_2 分子などの二原子分子の運動を説明しましたが，どのような分子にも，空間を移動する並進運動があります。したがって，H_2O 分子にも並進運動があります。1.2 節で説明したように，分子はつねに空間を移動しています。

Q 124　H_2O 分子に回転運動はありますか？

単原子分子には回転運動はありませんが，2 個以上の原子からなる**多原子分子**には回転運動があります。二原子分子の回転運動については，すでに 6.2 節で詳しく説明しました。分子の質量中心を通り，結合軸に垂直な 2 種類の回転軸があり，そのまわりで原子が動く 2 種類の回転運動があります（図 6.3 参照）。三原子分子である H_2O 分子は，O 原子を頂点とする二等辺三角形の形をしていますが，H_2O 分子にも回転運動があります。ただし，二原子分子とは異なり，3 種類の回転運動があります。

Q 125　どうして H_2O 分子の回転運動は 3 種類なのですか？

回転運動は分子内運動なので，並進運動にならないように，分子の質量中心（○）を中心とした回転運動を考えます。一つは，質量中心を通る回転軸（----）が紙面に垂直にある回転運動です（図 7.2 左）。この場合には，O 原子も 2 個の H 原子も，すべての原子が紙面内で回転します。もう一つは，質量中心を通る回転軸が紙面内で垂直にある回転運動です（図 7.2 中央）。この場合には，O 原子は回転軸の上にあるので動きませんが，2 個の H 原子は紙面の前後に向かって回転します。また，回転軸が質量中心を通って紙面内で水平にある回転運動があります（図 7.2 右）。この場合には，すべての原子は紙面の前後に向かって回転します。こうして，H_2O 分子の回転運動は3種類であることがわかります。

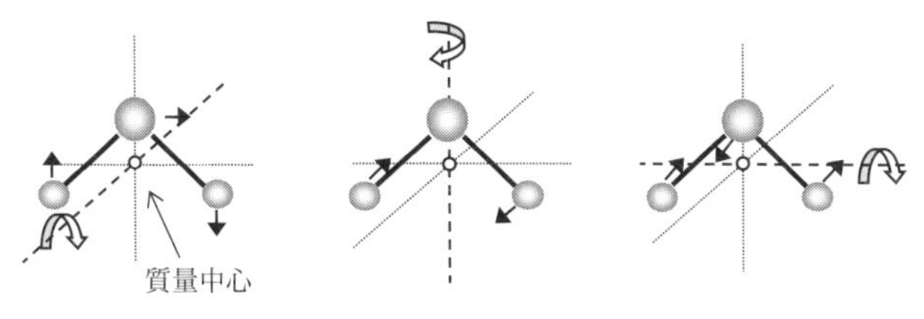

図 7.2　H_2O 分子の回転運動

Q 126　回転運動の種類の数は分子の形によって違うのですか？

N_2 分子や O_2 分子のように，分子の形が直線ならば回転運動は2種類になり，H_2O 分子のように，分子の形が直線でなければ回転運動は3種類になります。前者を**直線分子**とよび，後者を**非直線分子**とよびます。串団子を思い出してください。団子の数が二つでも三つ以上でも，串を回したときに団子の位置は変わりません。原子の数がいくつでも，直線分子の結合軸は回転軸にならないので，直線分子の回転運動の種類の数は非直線分子よりも一つ少なくなります。

Q 127　斜めの回転軸まわりの回転運動は考えないのですか？

図7.2のような3種類の**直交した**回転軸を考えると，どのような斜めの回転軸のまわりの回転運動でも，3種類の直交した回転軸を組み合わせることによって表すことができます。これまでに説明しませんでしたが，3次元空間の並進運動も同様です。x 軸方向の並進運動，y 軸方向の並進運動，z 軸方向の並進運動の三つを組み合わせれば，3次元空間のどのような方向の並進運動も表すことができます。たとえば，分子が xy 平面上で，右上の45°の方向に並進運動をしたとしましょう。この場合には，x 軸方向の並進運動 $\vec{V_x}$ と y 軸方向の並進運動 $\vec{V_y}$ の足し算で表すことができます（図7.3）。3種類の並進運動ですべての並進運動を表すことができる場合や，3種類の回転運動ですべての回転運動を表すことができる場合に，“運動の自由度は3である”と表現します。

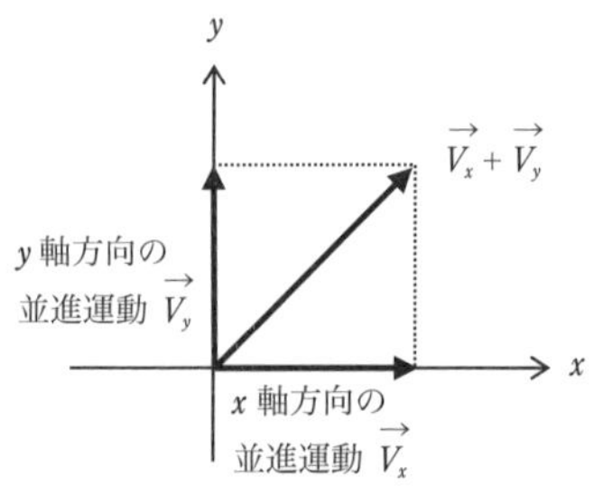

図 7.3　並進運動の組合せ

7.3　H_2O 分子は振動運動をする

Q 128　H_2O 分子に振動運動はありますか？

H_2O 分子には二つの O–H 結合があるので，O 原子と H 原子の結合の距離が伸びたり縮んだりする二つの伸縮振動があります。ただし，片方の O–H 結合の伸縮振動だけを考えると，O 原子と H 原子の 2 個の原子の質量中心は空間を移動しませんが，分子全体の質量中心（○）が空間を移動してしまいます。つまり，分子内運動にはなりません。そこで，両方の O–H 結合の伸縮振動を一緒に考え，分子全体の質量中心が空間を移動しないように伸縮振動を考えます。一つは，両方の O–H 結合が同じように一緒に伸びて，2 個の H 原子が質

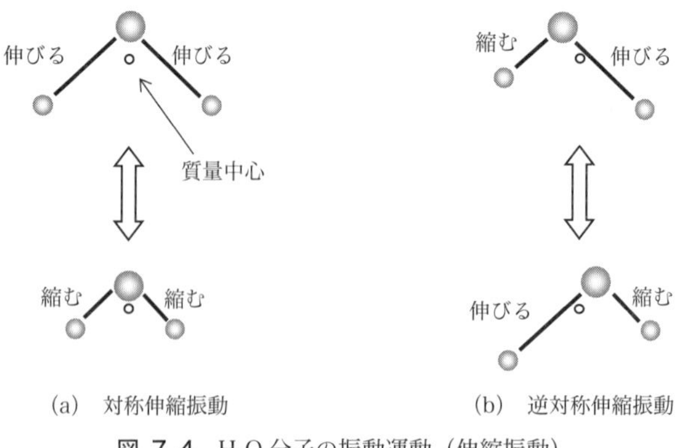

図 7.4　H_2O 分子の振動運動（伸縮振動）

量中心から離れたときには，O 原子が少し上に動いて質量中心から離れます（図 7.4a）。両方の O–H 結合が同じように一緒に縮んで，2 個の H 原子が質量中心に近づいたときには，O 原子が少し下に動いて質量中心に近づきます。こうすれば，分子全体の質量中心は空間を移動しないので，分子内運動になります。この振動運動を**対称伸縮振動**といいます。また，片方の O–H 結合の距離が伸びたときに，別の O–H 結合の距離が縮み，さらに O 原子が少し横に向かって動く振動運動があります（図 7.4b）。この場合も，分子全体の質量中心が空間を移動しないので，分子内運動となります。この振動運動を**逆対称伸縮振動**といいます（139 ページ，補足 8）。

Q 129　H_2O 分子に伸縮振動以外の振動運動はありますか？

分子全体の質量中心が空間を移動することなく，また，結合の距離も変わりませんが，H–O–H 結合角（約 104.5°）が紙面内で広くなったり狭くなったりする振動運動があります（図 7.5）。結合角が広くなって，2 個の H 原子が少し上に動いたら，O 原子が少し下に動けば，質量中心の位置は変わりません。また，結合角が狭くなって，2 個の H 原子が少し下に動いたら，O 原子が少し上に動けば，質量中心の位置は変わりません。この場合も，分子は空間を移動しませんが，分子を構成する原子が空間を動くので振動運動になります。結合角が広くなったり狭くなったりする振動運動なので，この振動運動を**変角振動**とよびます。変角振動は分子内運動の一つです。結局，H_2O 分子の分子運

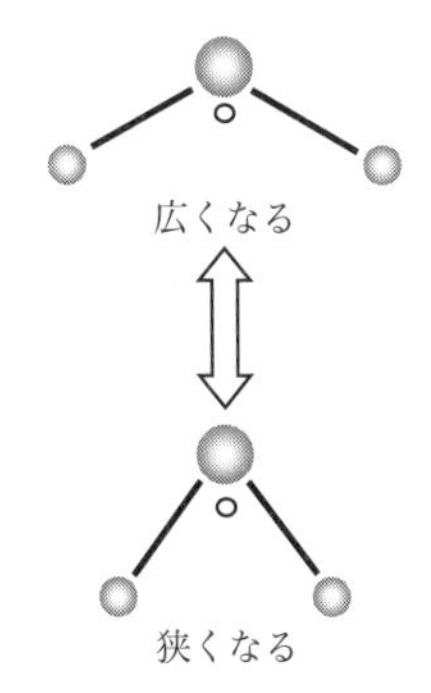

図 7.5　H_2O 分子の振動運動（変角振動）

動には，3 種類の並進運動，3 種類の回転運動と 3 種類の振動運動（2 種類の伸縮振動と 1 種類の変角振動）があります。原子の数が増えると，分子運動の種類の数も増えます。

7.4　水蒸気は窒素や酸素よりも温まりにくい

Q 130　水蒸気の熱容量はどのくらいですか？

Ar 原子などの単原子分子や，N_2 分子や O_2 分子などの二原子分子からなる気体と同様に，水蒸気（H_2O 分子からなる気体）の温度を 1 ℃上げるための並進エネルギーの増加には，12.47 J の熱エネルギーが必要です（6.3 節参照）。一方，二原子分子のような直線分子の回転運動は 2 種類ですが，H_2O 分子は非直線分子なので，回転運動は 3 種類です（7.3 節参照）。二原子分子からなる気体が回転エネルギーとして蓄える熱エネルギーが 8.31 J なので，H_2O 分子からなる水蒸気は，その 1.5 倍の 12.47 J の熱エネルギーを回転エネルギーとして蓄えます。つまり，水蒸気の温度を 1 ℃上げるためには，膨張のための仕事エネルギー 8.31 J を考慮して（6.1 節参照），合計で 33.25 J（＝12.47 J＋12.47 J＋8.31 J）の熱エネルギーが必要です。そうすると，水蒸気の温度を 1 ℃上げるための熱エネルギー（33.25 J）は，大気の成分である窒素や酸素の温度を 1 ℃上げるための熱エネルギー（29.09 J）よりも多くなります。したがって，水蒸気を含む大気の熱容量は大きく，温まりにくく冷めにくくなります。逆にいえば，砂漠の大気のように，水蒸気をほとんど含まない乾燥した大気の熱容量は小さく，温まりやすく冷めやすくなります。

Q 131　振動運動は熱容量に関係しないのですか？

室温では，衝突する分子の並進エネルギーが小さすぎて，熱エネルギーを並進エネルギーに変えても，伸縮振動の振動エネルギーとして蓄えられないと説明しました（6.5 節参照）。建物に例えると，並進エネルギーの階段を登って，振動エネルギーの 2 階へ上がれないという意味です（図 6.10 参照）。一般的に，変角振動の振動エネルギーは伸縮振動よりも小さくなります。建物に例えると，2 階の高さが低くなるという意味です。伸縮振動では，結合の距離を変えるために，結合に関与する電子も一緒に動かす力が必要ですが，変角振動では結合の距離がほとんど変わらないので，結合に関与する電子を動かす力をあまり必要としません。その結果，変角振動の振動エネルギーのほうが小さくなります。そうすると，変角振動ならば，熱エネルギーを振動エネルギーとして蓄える可能性があります。ただし，分子の種類に依存します。

Q 132　高温で，H_2O 分子の変角振動は熱容量に影響しますか？

二原子分子と異なり，H_2O 分子には変角振動があります。そうすると，熱エネルギーを振動エネルギーとして蓄える可能性が考えられます。しかし，室温では，残念ながら，H_2O 分子の並進エネルギーは小さすぎて，受け取った熱エネルギーを並進エネルギーに変えても，変角振動の振動エネルギーには届かず，振動エネルギーとして蓄えることはできません。それでは，高温になって，H_2O 分子の並進エネルギーが大きくなれば，どうでしょうか。建物に例えると，並進エネルギーの階段の上のほうにいる分子が多くなるという意味です（図 6.11 参照）。よく知られているように，100 ℃以下では水蒸気の大部分は液体の水になってしまうので，たとえば，107 ℃の水蒸気の温度を 1 ℃上げるために必要な熱エネルギーを調べてみましょう。このときに必要な熱エネル

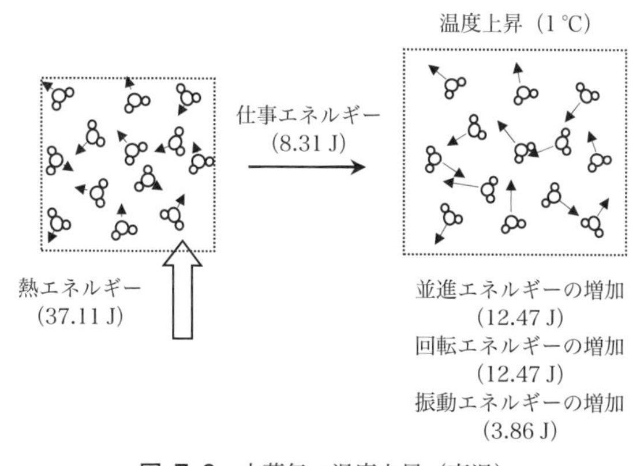

図 7.6　水蒸気の温度上昇（高温）

ギーは，室温での値の 33.25 J よりも多い 37.11 J であることが実験でわかっています。この差の 3.86 J（=37.11 J−33.25 J）が，高温で，変角振動の振動エネルギーとして蓄えられる熱エネルギーです（図 7.6）。

7章のまとめ

1. 大気の中には水蒸気が含まれます。飽和水蒸気の量は温度に依存し，蒸気圧曲線からわかります。
2. 相対湿度は，飽和水蒸気圧に対する実際に大気に含まれる水蒸気圧の割合を表します。
3. H_2O 分子の並進運動は 3 種類，回転運動は 3 種類，振動運動は 3 種類です。
4. H_2O 分子の振動運動は，2 種類の伸縮振動と 1 種類の変角振動です。
5. H_2O 分子の回転運動は 3 種類なので，水蒸気の熱容量は二原子分子からなる窒素や酸素よりも大きくなります。
6. 水蒸気を含む大気の熱容量は大きくなり，温まりにくく冷めにくくなります。逆に，水蒸気をほとんど含まない砂漠の大気は温まりやすく冷めやすくなります。
7. H_2O 分子は，室温では，受け取った熱エネルギーを並進エネルギーや回転エネルギーとして蓄えます。
8. H_2O 分子は，高温では，受け取った熱エネルギーを変角振動の振動エネルギーとしても蓄えることができます。

8章 H_2O 分子は赤外線を吸収する

この章では，H_2O 分子に電磁波が当たったときに，H_2O 分子が電磁波を吸収，反射，散乱するかどうかを説明します。これらの現象は，H_2O 分子が集まって雲になったときとは異なることに着目し，水蒸気（H_2O 分子）と雲（氷の粒）が大気の温度に及ぼす影響の違いを理解します。

8.1 H_2O 分子には電気的な偏りがある

Q 133 磁気モーメントとは何ですか？

3.4 節では，方位磁石を使って，磁気的な偏りを説明し，分子に磁気的あるいは電気的な偏りがないと，分子に電磁波が当たっても，分子は電磁波を感じることはなく，電磁波を吸収しないことを説明しました。磁石には強い磁石と弱い磁石があります。強い磁石は勢いよく鉄の釘を引っ張り，弱い磁石はそっと鉄の釘を引っ張ります。磁石の強弱を表す物理量の一つが**磁気モーメント**です。磁気モーメントの大きさが大きければ強い磁石で，磁気モーメントの大きさが小さければ弱い磁石です。磁気モーメントはベクトルのように方向もあります。磁気モーメントの方向はS極からN極に向かう方向に定義されています。本当は磁気モーメントを表すベクトルを磁石の中に描きたいのですが，図8.1aでは，わかりやすくするために，磁石の中ではなく，磁石の横に磁気モー

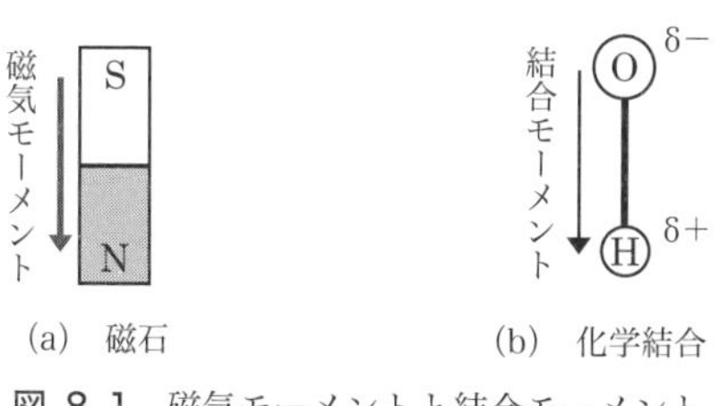

図 8.1 磁気モーメントと結合モーメント

メントを描きました。なお，N 極の側から磁石の外に向かって**磁力線**が出ます（図 3.5 参照）。

Q 134　結合モーメントとは何ですか？

6.6 節で説明したように，H_2O 分子の O 原子は，H 原子に比べて，分子内の電子を引っ張る力が強いといわれています。そうすると，O-H 結合に関与する電子は O 原子の近くに偏って存在し，O 原子は少し負の電荷（δ−）をもちます（図 8.1b）。記号の δ（デルタ）は“少し”という意味です。逆に，H 原子の近くでは結合に関与する電子が減るので，H 原子は少し正の電荷（δ+）をもちます。つまり，H_2O 分子の O-H 結合には電気的な偏りがあります。化学結合の電気的な偏りのことを**結合モーメント**といいます。結合モーメントには，磁石の磁気モーメントと同様に，大きさと方向を考える必要があるので，結合モーメントもベクトルで表されます。結合モーメントの方向は，負の電荷（δ−）から正の電荷（δ+）に向かう方向に定義されています。O-H 結合の結合モーメントの方向は，O 原子から H 原子に向かう方向です。図 8.1b では，わかりやすくするために，結合モーメントを表すベクトルを，O-H 結合の中ではなく，横に描きました。

Q 135　電気双極子モーメントとは何ですか？

化学結合の電気的な偏りを表す結合モーメントに対して，分子全体の電気的な偏りは分子の**電気双極子モーメント**とよばれます。H_2O 分子の電気双極子モーメントは，二つの O-H 結合の結合モーメント（→）のベクトル和をとれば，求めることができます。H_2O 分子全体の電気双極子モーメント（⇨）

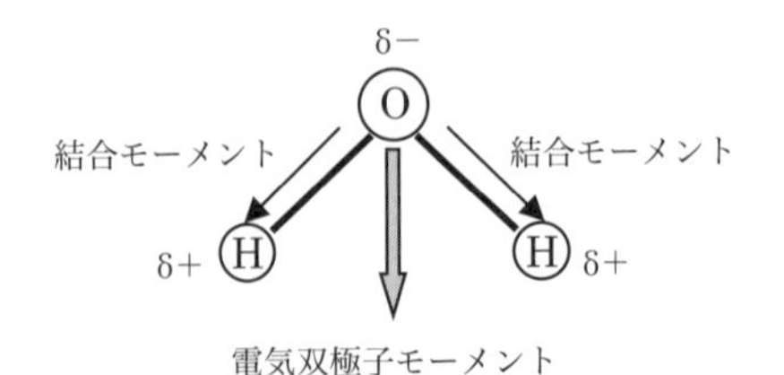

図 8.2　H_2O 分子の電気双極子モーメント（⇨）

は図 8.2 のようになります。O 原子から 2 個の H 原子を結ぶ直線の中点を通る方向に，電気双極子モーメントがあります。電気双極子モーメントの方向は，図では下向きになります。

8.2 H_2O 分子はさまざまな電磁波を吸収する

Q 136 H_2O 分子は電磁波を吸収しますか？

N_2 分子や O_2 分子，Ar 原子と異なり，H_2O 分子には分子の電気的な偏りである電気双極子モーメントがあります（図 8.2 参照）。したがって，H_2O 分子に電磁波が当たると，H_2O 分子は電磁波を感じ，電磁波を吸収することができます。ただし，水蒸気に色がついていないことからわかるように，H_2O 分子は可視光線を吸収しません（3.3 節参照）。一方，H_2O 分子がある特定の電波（マイクロ波）を吸収すると，電磁波のエネルギーが回転エネルギーに変わります。ゆっくりと回転運動をしていた H_2O 分子が，速く回転運動をするようになります。また，H_2O 分子がある特定の赤外線を吸収すると，赤外線のエネルギーが振動エネルギーに変わります。その結果，ゆっくりと振動運動をしていた H_2O 分子が，速く振動運動をするようになります。

Q 137 電子レンジでは H_2O 分子が電磁波を吸収するのですか？

電子レンジは電気エネルギーを使って，ある限られた特定のマイクロ波を強力に発生させる装置です。英語ではマイクロウェーブオーブンといいます。食品が電子レンジから放射されるマイクロ波を吸収すると，マイクロ波のエネルギーが食品を構成する粒子の粒子間の振動エネルギーになって温まります。なんとなく，H_2O 分子がマイクロ波を吸収して，H_2O 分子の回転運動が速くなって，食品が温まっていると思っていませんか。じつは，H_2O 分子ではなく，液体の水が電子レンジのマイクロ波を吸収しています。H_2O 分子の回転エネルギーは，とびとびになっていて連続ではないので，電子レンジのマイクロ波を吸収しません。一方，液体の水はクラスターになっていて，クラスターの運動が複雑なために（6.6 節参照），さまざまなマイクロ波を吸収できます。食品の中の液体の水がマイクロ波を吸収すると，電磁波のエネルギーが水のクラスターの運動エネルギーに変わります。そして，そのエネルギーが食品を構成するさまざまな分子や粒子に伝わって，食品の温度が上がります。食品を乗せたお皿やお椀は熱くなりませんよね。不思議に思ったことはありませんか。液体の水を含んでいないお皿やお椀は，電子レンジのマイクロ波を吸収しないので，熱くなることはありません。また，表面の水分をふき取った氷も，しばらくは，熱くなって融けることはありません。

Q 138　なぜH_2O分子は特定の赤外線だけを吸収するのですか？

H_2O 分子の集団である水（液体）は，ほとんどの種類の赤外線を吸収します。クラスターの運動エネルギーやクラスター間の振動エネルギーが連続だからです。一方，気体の H_2O 分子の振動エネルギーは連続ではなく，とびとびの値になっているので，ある限られた特定の赤外線しか吸収しません。6.5 節と同様に，建物に例えて説明してみましょう（図 6.9，図 6.10 参照）。振動エネルギーを蓄えるために，ふつうは，熱エネルギーで並進エネルギーを増やして，並進エネルギーの階段を登り，振動エネルギーの 2 階に上がろうとします。しかし，図 8.3 に示したように，赤外線のエネルギーを使って，一気に振動エネルギーの 2 階に上がることもできます。まるで，1 階から振動エネルギーの 2 階にジャンプするようなものです。ただし，ジャンプするエネルギーが小さすぎると，振動エネルギーの 2 階に上がることはできないし，ジャンプするエネルギーが大きすぎると，けがをしてしまいます。ちょうど振動エネル

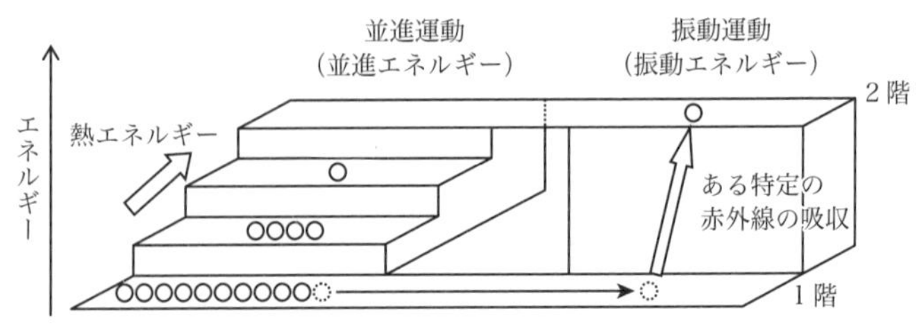

図 8.3　H_2O 分子が受け取る熱エネルギーと吸収する赤外線のエネルギー

ギーの2階に上がるために必要なエネルギーを使って，ジャンプしなければなりません。このことは，H_2O 分子がちょうどよいエネルギーの**ある特定の赤外線**を吸収する必要があり，赤外線のエネルギーが大きすぎても小さすぎても吸収できないことを意味します。

8.3　H_2O 分子の赤外線吸収スペクトルとは

Q 139　吸収スペクトルとは何ですか？

分子がどのような電磁波を吸収するかを調べるためには，分子にある特定の電磁波を当てて，当てる電磁波の種類（振動数や波数など）を変えながら，通り抜ける電磁波の強度が減るかどうかを調べます。もしも，電磁波の強度が減れば，分子がその電磁波を吸収したことになります。横軸に電磁波の種類（振動数や波数など）をとり，縦軸に通り抜ける電磁波の強度の減少量（透過率）や，分子が吸収した電磁波の量（**吸光度**）をとったグラフを**吸収スペクトル**といいます。電波の一種であるマイクロ波を吸収するかどうかを調べる場合には，横軸を周波数（Hz）にします。赤外線を吸収するかどうかを調べる場合には，横軸を波数（cm^{-1}）にします（4.1節参照）。前者を**マイクロ波吸収スペクトル**といい，後者を**赤外線吸収スペクトル**といいます。

Q 140　どうすれば赤外線吸収スペクトルを測定できますか？

実験室で赤外線吸収スペクトルを測定するためには，まず，あらゆる赤外線をたくさん放射する**光源**が必要です。たとえば，セラミックスを高温にすると，あらゆる波数の赤外線がたくさん放射されます（2.3節参照）。次に**分光器**が必要です。分光器というのは赤外線を波数ごとに分けるプリズムのようなものです。分光器を使って，ある特定の赤外線だけを選び出して分子に当て，分子がどのくらい吸収するのかを調べます。そのためには，赤外線の**検出器**が必要です。4.3節で説明した非接触型温度計でも大丈夫です。温度がわかれば，赤外線の量がわかるからです。なお，最近では，すべての赤外線を同時に分子に当てるしくみの装置（フーリエ変換型赤外分光光度計）が主流になっていますが，話が専門的になるので，ここでは省略します。

Q 141　H_2O 分子の赤外線吸収スペクトルを見られますか？

横軸に赤外線の波数をとり，縦軸にどのくらいの量の赤外線を吸収するか(吸光度) をとって，H_2O 分子の赤外線吸収スペクトルを図 8.4 に示します(139 ページ，補足 9)。左側の波数の低い赤外線はエネルギーが小さく，グラフを右に向かえば，赤外線のエネルギーが大きくなることを表します。また，グラフが上に向かえば，H_2O 分子が赤外線を強く吸収したことを表します。

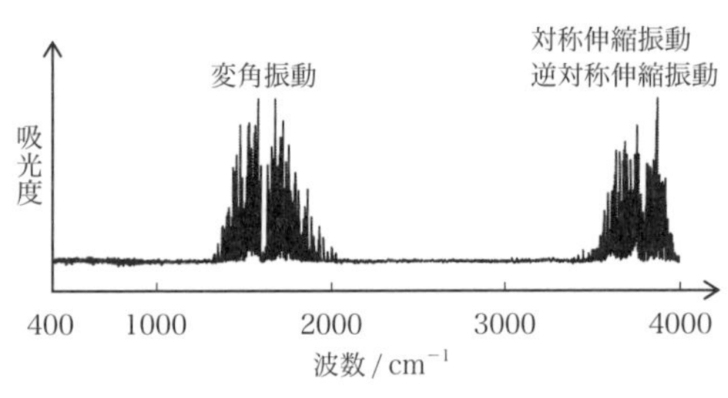

図 8.4　H_2O 分子の赤外線吸収スペクトル

Q 142　赤外線吸収スペクトルは線の集まりなのですか？

分子はある特定の赤外線を吸収すると説明しました。建物に例えると，2 階にジャンプするために必要な赤外線のエネルギーが厳密に決まっているということです。しかし，階段の途中の段からジャンプする分子もあります。そうすると，少し異なるエネルギーの赤外線を吸収しても，ちょうど，振動エネルギーの 2 階に上がることができます。スペクトルでは，このときに吸収される赤外線が 1 本の**吸収線**になります。どの段にいる分子であるかによって，吸収する赤外線のエネルギーが少しずつ異なるので，たくさんの吸収線の集まりになります。なお，分子には，並進エネルギーの階段だけでなく，回転エネルギーの階段もあります。そのために，実際に測定した赤外線吸収スペクトルは，図 8.4 のように，かなり複雑な吸収線の集まりになります。

Q 143 H_2O 分子が吸収する赤外線の集まりは 2 種類ですか？

図 8.4 の赤外線吸収スペクトルを見ると，H_2O 分子は 1600 cm^{-1} 付近と 3800 cm^{-1} 付近の赤外線を強く吸収することがわかります。1600 cm^{-1} 付近の赤外線が吸収されると，変角振動の振動エネルギーに変わります。一方，3800 cm^{-1} 付近の赤外線が吸収されると，伸縮振動の振動エネルギーに変わります。変角振動の振動エネルギーが伸縮振動の振動エネルギーよりも小さい理由については，7.4 節で説明しました。基本的に，変角振動で吸収される赤外線は，伸縮振動で吸収される赤外線よりも左側に現れます。

Q 144 H_2O 分子の伸縮振動は 2 種類ではないのですか？

すでに 7.3 節で説明したように，H_2O 分子の伸縮振動には，対称伸縮振動と逆対称伸縮振動の 2 種類があります。それぞれが異なる赤外線を吸収するはずですが，吸収される 3800 cm^{-1} 付近の赤外線はほとんど重なっています。その理由は，対称伸縮振動と逆対称伸縮振動はどちらも質量の小さい H 原子が大きく動くだけで，質量の大きい O 原子はほとんど動かないからです。このような場合には，2 種類の伸縮振動の振動エネルギーはほとんど同じになり，3800 cm^{-1} 付近の赤外線を同じように吸収します。そうすると，3800 cm^{-1} 付近の赤外線の吸収の強さ（吸光度）のほうが，1600 cm^{-1} 付近の赤外線の吸収の 2 倍になってもよさそうですが，そうはなっていません。分子が吸収する赤外線の量は，分子の電気双極子モーメントの大きさに関係するからです。振動運動によって分子の形が変わり，その結果，電気双極子モーメントの大きさが変わるので，吸収する赤外線の量も振動運動の種類で変わります。

8.4 水蒸気は大気の温度に影響する

Q 145 H_2O 分子は夜間にどのくらいの赤外線を吸収しますか？

図 8.4 の赤外線吸収スペクトルを見ると，H_2O 分子は 1600 cm^{-1} 付近の赤外

線と 3800 cm^{-1} 付近の赤外線を強く吸収しそうですよね。しかし，図 8.4 は実験室で，高温のセラミックスを光源として用いて測定した H_2O 分子の赤外線吸収スペクトルです。つまり，あらゆる波数の赤外線がたくさん放射される光源を用いて測定した赤外線吸収スペクトルです。大気の中の H_2O 分子に対しては，夜間には，地表が赤外線の光源となります。そうすると，すべての波数の赤外線が H_2O 分子に強く当たっているわけではありません。地表から放射される赤外線（図 4.1b）の横軸の単位を波数（cm^{-1}）に変換して，図 8.4 と重ねてみましょう（図 8.5）。H_2O 分子が吸収する 1600 cm^{-1} 付近の赤外線のグラフは，地表から放射される赤外線のグラフの右端とわずかに重なっています。一方，H_2O 分子が吸収する 3800 cm^{-1} 付近の赤外線のグラフは，地表から放射される赤外線のグラフと重なっていません。グラフが重なっていないということは，大気の中の H_2O 分子は，地表から放射される赤外線のほとんどを吸収しないことを意味します。なお，水蒸気（H_2O 分子）と異なり，雲（氷の粒）はほとんどの種類の赤外線を吸収します（3.3 節参照）。

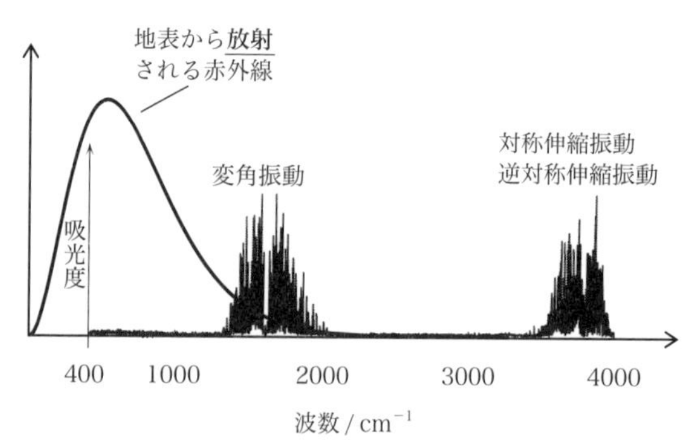

図 8.5　H_2O 分子が吸収する赤外線と，地表から放射される赤外線（夜間）

Q 146　H_2O 分子は夜間に大気の温度に影響しますか？

すでに説明したように，夜間には，大気の中の H_2O 分子（気体）は，雲（氷の粒）と異なり，ほとんどの赤外線を吸収しません。また，H_2O 分子は物体（固体）ではないので赤外線を反射しません。さらに，赤外線は可視光線に比べて振動数が低いので，H_2O 分子は赤外線を散乱しません（3.5 節参照）。したがって，地表から放射されるほとんどの赤外線は宇宙に放射されて，地表にもどってくることはありません。つまり，大気に H_2O 分子が含まれていても，赤外線を散乱する雲（氷の粒）と異なり，夜間に地表の温度も大気の温度も下がりにくくなることはありません（4.2 節参照）。ただし，7.4 節で説明したように，水蒸気の熱容量は窒素や酸素よりも大きいので，大気の温度は下がりにくくなります。

Q 147　H_2O 分子は昼間に大気の温度に影響しますか？

昼間には，太陽が赤外線の光源となります。図 2.4 に示したように，太陽から放射される電磁波には，あらゆる波数の赤外線がたくさん含まれています。したがって，大気の中の H_2O 分子は 1600 cm^{-1} 付近と 3800 cm^{-1} 付近の赤外線を強く吸収します。そうすると，地表に届く赤外線の量が減ることになります。また，N_2 分子や O_2 分子と同様に，H_2O 分子は振動数の高い可視光線（青色の光など）を散乱します（3.5 節参照）。その結果，地表に届く電磁波の量が減ることになり，地表の温度は上がりにくくなります。そうすると，地表からエネルギーを受け取る地表付近の大気の温度も上がりにくくなります。

Q 148　赤外線のエネルギーは並進エネルギーに変わりますか？

H_2O 分子が昼間に赤外線を吸収して，そのエネルギーを振動エネルギーに変えて，H_2O 分子の振動運動が激しくなったとしても，大気の温度が上がるわけではありません。振動運動は分子内運動だからです（6.3 節参照）。もしも，H_2O 分子の振動エネルギーが，分子間の衝突によって，大気の主成分の N_2 分子や O_2 分子などの並進エネルギーに変わると，大気の温度が上がります。建物に例えて説明してみましょう。図 8.6 の左側には，H_2O 分子の並進エネルギーの階段ではなく，N_2 分子あるいは O_2 分子の並進エネルギーの階段を描き，右側には H_2O 分子の振動エネルギーの 1 階と 2 階を描きました。室温（25 ℃）で大気に含まれる H_2O 分子は，最大で N_2 分子や O_2 分子の約 3 % ですが（図 7.1 拡大図を参照），説明のために，相対的な数を無視して，1 個

の H_2O 分子を描きました。H_2O 分子が赤外線を吸収すると，1階から振動エネルギーの2階にジャンプします。ジャンプした H_2O 分子の振動エネルギーが，分子間の衝突によって，N_2 分子や O_2 分子の並進エネルギーに変わると，並進エネルギーの大きい N_2 分子や O_2 分子が増えて，大気の温度が上がることになります。図8.6では，同じ種類の分子のエネルギー移動を実線の矢印で表し，異なる種類の分子間の衝突によるエネルギー移動を破線の矢印で表しました。破線のエネルギー移動は，エネルギーの大きさが同じ水平のエネルギー移動なので，追加のエネルギーは必要ありません。また，変角振動の振動エネルギーを N_2 分子あるいは O_2 分子に渡した H_2O 分子は，2階から1階に飛び降りることになりますが，図8.6では省略しました。なお，すでに説明したように，昼間に H_2O 分子が赤外線を吸収すると，地表に届く赤外線の量が減り，地表の温度が上がりにくくなり，その結果，地表付近の大気の温度は上がりにくくなります。太陽から届く赤外線が H_2O 分子によって吸収され，H_2O 分子との衝突によって N_2 分子や O_2 分子の並進エネルギーが増えるのか，H_2O 分子によって吸収されなかった赤外線が地表によって吸収され，地表との衝突によって N_2 分子や O_2 分子の並進エネルギーが増えるのか，大気の温度を上げる2通りの赤外線吸収の経路があるということです（10.5節参照）。

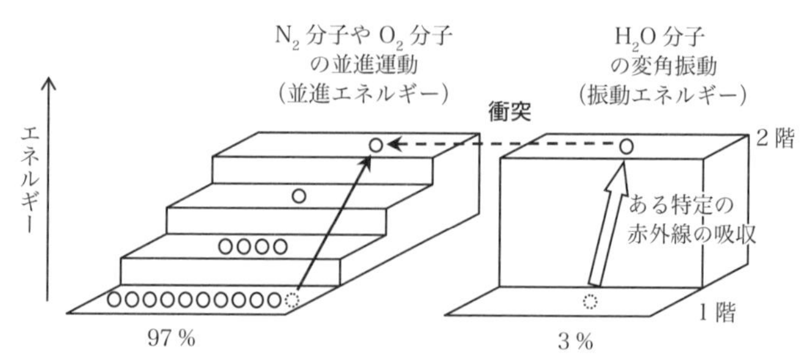

図 8.6　H_2O 分子が吸収する赤外線のエネルギーの大気の分子への移動（昼間）

8章のまとめ

1. H_2O 分子の O-H 結合には電気的な偏りがあり，これを結合モーメントといいます。
2. H_2O 分子全体には電気的な偏りがあり，結合モーメントのベクトル和で表されます。これを電気双極子モーメントといいます。
3. H_2O 分子には電気双極子モーメントがあるので，電磁波が当たると，電磁波を吸収します。
4. H_2O 分子はある特定の電波（マイクロ波）を吸収して，回転エネルギーに変えて蓄えます。
5. 夜間には，H_2O 分子は地表から放射される赤外線をほとんど吸収しません。また，赤外線を反射したり散乱したりしないので，地表や大気の温度を下がりにくくしません。
6. 昼間には，H_2O 分子は 1600 cm^{-1} 付近の赤外線を吸収して変角振動の振動エネルギーに変え，3800 cm^{-1} 付近の赤外線を吸収して伸縮振動の振動エネルギーに変えて蓄えます。
7. 回転運動も振動運動も分子内運動なので，大気に含まれる H_2O 分子が電磁波を吸収しても，大気の温度は上がりません。大気を構成する分子（N_2 分子や O_2 分子など）の並進エネルギーに変わると，大気の温度は上がります。
8. 昼間には，H_2O 分子は太陽から届く振動数の高い可視光線（青色の光など）を散乱したり，赤外線を吸収したりするので，地表や大気の温度を上がりにくくします。

9章　CO_2分子の分子運動を調べる

この章では，CO_2 分子の分子運動について調べます。そして，CO_2 分子は，大気を構成する N_2 分子や O_2 分子よりも，たくさんの熱エネルギーを運動エネルギーとして蓄えることができることを説明します。その結果，二酸化炭素を含む大気が温まりにくく冷めにくくなることを理解します。

9.1　ドライアイスはCO_2分子でできている

Q 149　ドライアイスの中の分子間の結合とは何ですか？

ドライアイスは気体の二酸化炭素を冷却して固体にしたものです。気体の二酸化炭素を構成する CO_2 分子の並進エネルギーを奪って，分子間の振動エネルギーに変えると，固体のドライアイスになります（図 9.1 右向きの矢印）。逆に，固体のドライアイスに熱エネルギーを与えると，ドライアイスを構成する CO_2 分子の分子間の結合が切断されて，気体の二酸化炭素となります（図

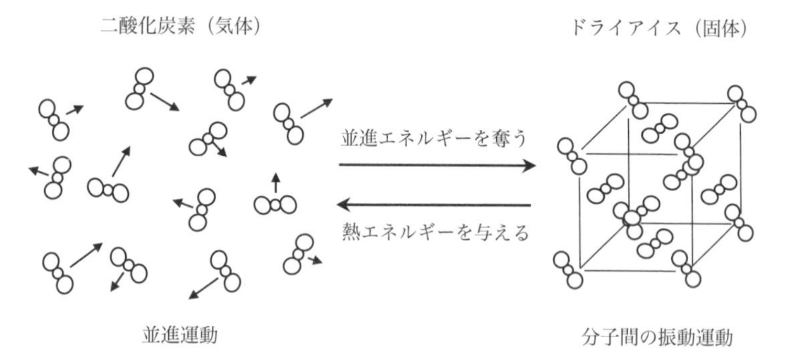

図 9.1　二酸化炭素とドライアイスのエネルギーのやり取り
この本では，O 原子が C 原子の電子を引っ張ることを強調するために，中心の C 原子を極端に小さい丸で描いています。

9.1左向きの矢印)。固体の氷を構成するH_2O分子は，水素結合によって分子と分子が強く結合していますが（6.6節参照)，固体のドライアイスを構成するCO_2分子は，分子と分子が弱く結合しています。この結合を**ファンデルワールス結合**といいます。したがって，固体のドライアイスは，わずかな熱エネルギーを受け取っても気体の二酸化炭素になります。また，水素結合は強いので，氷が融けても水素結合の一部が残って液体の水（クラスター）になりますが，ファンデルワールス結合は弱いので，固体のドライアイスは液体にならずに気体の二酸化炭素になります。

Q 150　どうしてドライアイスは保冷剤に利用できるのですか？

ケーキを買うと，“お時間はどのくらいかかりますか”といって，お店でドライアイスを保冷剤として入れてくれることがあります。どうしてドライアイスが保冷剤として使われるのか，分子運動で考えてみましょう。ケーキを入れた箱の中の空気を構成する分子（N_2分子やO_2分子など）は，ドライアイスに衝突して並進エネルギーを渡します。言い換えれば，ドライアイスは熱エネルギーを受け取ったことになります。ドライアイスの温度のほうが空気の温度よりも低く，熱エネルギーは温度の高い物質から温度の低い物質に移動するエネルギーだからです（4.2節参照)。このとき，ケーキを入れた箱の中では，空気を構成する分子の並進エネルギーが小さくなります。つまり，箱の中の空気の温度が低くなります。そうすると，ケーキは箱の中の空気とつねにエネルギーをやり取りしているので，ケーキの粒子間の振動エネルギーも小さくなり，ケーキの温度が低くなります。ケーキはドライアイスと直接エネルギーをやり取りしていませんが，ドライアイスを保冷剤として使うことができます。

Q 151　液体の二酸化炭素は存在しないのですか？

よく経験するように，固体の氷をテーブルの上に置いておくと，やがて融けて液体の水になります。一方，固体のドライアイスをテーブルの上に置いておいても，融けて液体の二酸化炭素になることはありません。しかし，気体の二酸化炭素は圧力をかけると液体の二酸化炭素になります。圧力をかけるということは，分子と分子を無理やり近づけるということです。室温でも，気体の二酸化炭素を圧縮して，熱エネルギーを放出させれば，液体の二酸化炭素になります。あるいは，丈夫なビニールチューブの中に少量のドライアイスを入れて，両端を封じます。そうすると，ビニールチューブのまわりの大気を構成する分子は，ビニールチューブに衝突して，ドライアイスに並進エネルギーを渡します。その熱エネルギーによって，ドライアイスを構成する CO_2 分子の分子間の結合が切れて，ドライアイスは気体の二酸化炭素になります。ビニールチューブという体積の変わらない密閉容器の中で二酸化炭素の気体が増えると，圧力が高くなり，二酸化炭素は透明な液体になります。ただし，ビニールチューブに入れるドライアイスの量を間違えないように，必ず化学の先生の指導のもとで行いましょう。

9.2　二酸化炭素は大気の微量成分である

Q 152　宇宙はどのようにして生まれたのですか？

宇宙は約 140 億年前に誕生したといわれています。そうすると，誕生する前はどのようだったのか気になりますよね。じつは，物質は何もなかったのです。そして，理由はわかりませんが，あるときに莫大なエネルギーが生じ，エネルギーが質量に変わりました。5.1 節では，質量がエネルギーに変わると説明しましたが，逆に，エネルギーが質量に変わったと考えられています。質量をもつ粒子が誕生したということは，物質が誕生したことを意味します。つまり，宇宙の誕生です。

Q 153　あらゆる物質がいきなり生まれたのですか？

最初に誕生した粒子は素粒子です。素粒子は核力によって結合して，やがて原子が誕生しました。素粒子から最初に誕生した原子は，もっとも簡単な H 原子です。さらに，核融合反応によって，H 原子から He 原子が誕生しました（2.4 節参照）。現在の宇宙空間（太陽系）に存在するほとんどの原子は H 原子とHe原子であり，合計すれば99.9％になります。その後，さらに質量の大きいN原子やO原子が核融合反応によって生成しました。Fe原子と，Fe原子よりも軽い元素は，核融合反応によって生成したといわれています。一方，Fe原子よりも重い元素は，赤色巨星の爆発時に生成したといわれています（2.4節参照）。ふつうよりもたくさんの中性子を含む重い原子が生成し，不安定なために中性子が陽子に変わり，その結果，Fe原子よりも原子番号の大きい元素が生成したといわれています。そして，さまざまな原子が集まって，やがて，地球が誕生しました。誕生したのは約46億年前といわれています。

Q 154　どうして大気の主成分は窒素と酸素なのですか？

地球では，さまざまな気体が生成したと考えられます。その中で，H_2分子やHe原子の質量は小さいので，宇宙の方向に運動する分子を地球の重力でとどめることができず，水素やヘリウムは地球の大気の成分としては残りませんでした。一方，N_2分子やO_2分子はちょうど地球の重力と釣り合い，窒素や酸素は地球の大気の成分となりました。また，CO_2分子の質量はN_2分子やO_2分子よりも大きいので，二酸化炭素は地表付近の大気の中に残りました。二酸化炭素は，地球が誕生したころには大気の主成分だったと考えられています。しかし，現在では二酸化炭素はほとんどありません（図9.2）。

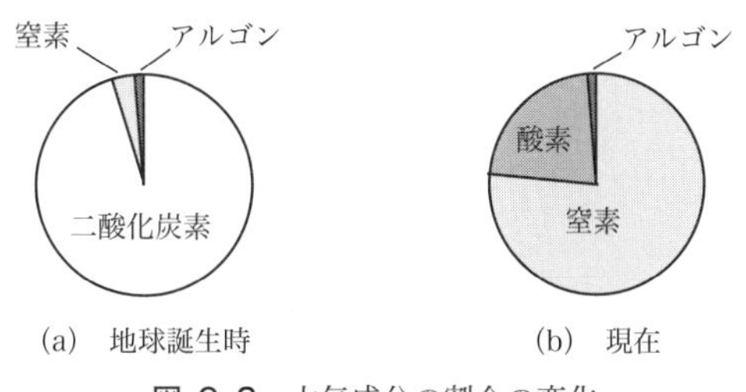

図 9.2　大気成分の割合の変化

Q 155　地球誕生時に大量にあった二酸化炭素が減ったのはなぜですか？

大気の成分の割合が現在のように変わった原因の一つは，水素と酸素から海洋が形成されたからです。そこに二酸化炭素が溶け込み，炭酸カルシウムとして固定されました。もう一つの原因は，光合成を行うシアノバクテリア（ラン藻）などが大量に発生したことです。ほとんどの植物の葉の中には葉緑体があり，葉緑体が光を吸収して光合成を行っています（3.1 節参照）。大気の中に大量に存在していた二酸化炭素のほとんどは，光合成などによって消費され，代わりに酸素が放出されました。

9.3 CO_2 分子には 2 種類の変角振動がある

Q 156 CO_2 分子に並進運動や回転運動はありますか？

CO_2 分子は直線分子です。中心に C 原子があり，その両側に O 原子が対称的に結合しています。つまり，質量中心に C 原子があります。どのような分子でも，空間を移動する並進運動は 3 種類なので，CO_2 分子の並進運動も 3 種類です。一方，回転運動の種類の数は分子の形によって異なります。N_2 分子や O_2 分子のような直線分子では 2 種類ですが，H_2O 分子のような非直線分子では 3 種類です（7.3 節参照）。CO_2 分子は直線分子なので，回転運動は 2 種類です（図 9.3）。質量中心（∘）を通り，結合軸に垂直な回転軸（----）が紙面に垂直な水平面内と紙面内にあります。直線分子では，結合軸を回転軸としても，どの原子も動かないので，運動ではありません。

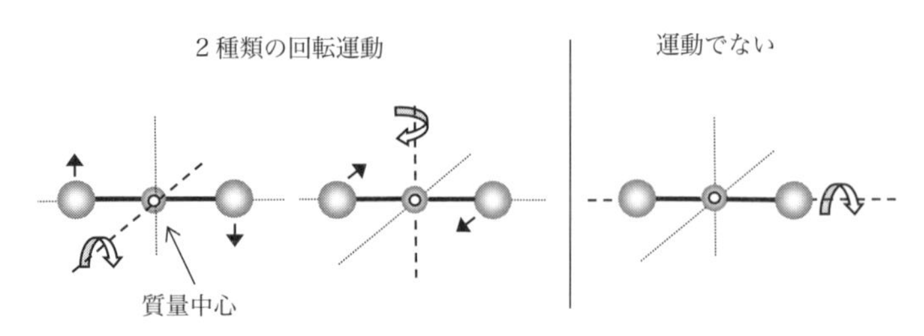

図 9.3　CO_2 分子の回転運動

Q 157　CO_2 分子に伸縮振動はありますか？

CO_2 分子には二つの C=O 結合があります。したがって，結合の距離が伸びたり縮んだりする伸縮振動は 2 種類です。H_2O 分子の伸縮振動を参考にして考えてみましょう（図 7.4 参照）。一つは両方の C=O 結合が同じように伸びたり縮んだりする対称伸縮振動です（図 9.4a）。この場合には，中心の C 原子は質量中心の位置にあって動くことはなく，両端の O 原子が一緒に C 原子から離れたり，近づいたりします。もう一つは，片方の C=O 結合が伸びたときに，別の C=O 結合が縮む逆対称伸縮振動です（図 9.4b）。この場合には，2 個の O 原子は同じ方向に動きますが，質量中心の位置が変わらないようにするために，中心の C 原子は，2 個の O 原子が動く方向とは反対の方向に，少しだけ動きます。

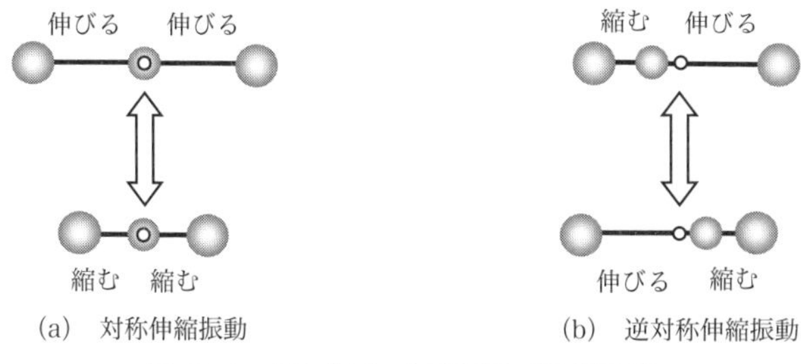

図 9.4　CO_2 分子の振動運動（伸縮振動）

Q 158　CO_2 分子に変角振動はありますか？

CO_2 分子には，H_2O 分子と同様に，O=C=O 結合角（180°）が広くなったり狭くなったりする変角振動があります（図 9.5）。結合軸に垂直な方向に，2 個の O 原子と C 原子が反対向きに動きます。ただし，H_2O 分子と異なり，すべての原子が紙面内で動く変角振動と，すべての原子が紙面に垂直な水平面内で動く変角振動の 2 種類があります。結局，CO_2 分子の運動には，3 種類の並進運動，2 種類の回転運動と 4 種類の振動運動があります。

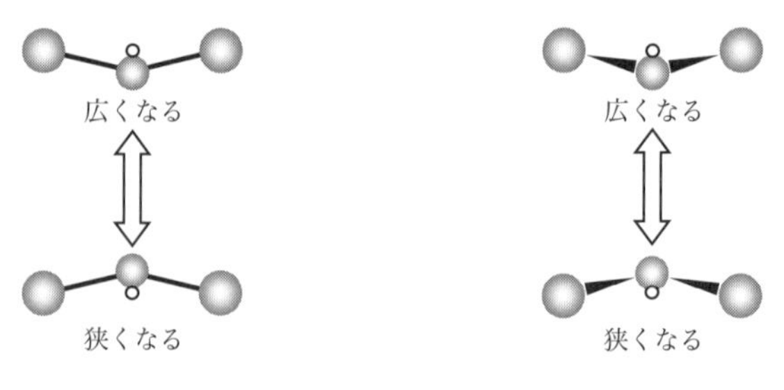

(a) 紙面内　　(b) 紙面に垂直な水平面内

図 9.5　CO_2 分子の振動運動（変角振動）

9.4　二酸化炭素は窒素や酸素よりも温まりにくい

Q 159　CO_2 分子はどのくらいの熱エネルギーを蓄えますか？

どのような分子でも，気体の温度を 1 ℃上げるためには，気体を膨張させるための仕事エネルギーに 8.31 J の熱エネルギーが必要です。また，分子の並進エネルギーを増加させるために 12.47 J の熱エネルギーが必要です。したがって，二酸化炭素の温度を 1 ℃上げるためには，少なくとも，20.78 J の熱エネルギーが必要です。次に，回転エネルギーを考えてみましょう。CO_2 分子は直線分子です。したがって，同じ直線分子の N_2 分子や O_2 分子と同様に，温度を 1 ℃上げるためには，回転エネルギーを増加させる 8.31 J の熱エネルギーが必要です。結局，CO_2 分子の振動運動を考えなければ，二酸化炭素の温度を 1 ℃上げるために必要な熱エネルギーは，窒素や酸素と同じ 29.09 J（＝20.78 J ＋8.31 J）となります。

Q 160　CO_2 分子は変角振動にも熱エネルギーを蓄えますか？

室温でも，CO_2 分子は熱エネルギーを並進エネルギーに変え，さらに，変角振動の振動エネルギーとして蓄える可能性があります。すでに 7.4 節で説明したように，H_2O 分子の変角振動の振動エネルギーは約 1600 cm^{-1} なので，高温ならば，水蒸気は約 4 J の熱エネルギーを振動エネルギーとして蓄えます。一方，CO_2 分子の変角振動の振動エネルギーは約 670 cm^{-1} です。振動エネルギーが小さいので，**室温でも**，熱エネルギーを変角振動の振動エネルギーとして蓄えることができます。すでに，9.3 節で説明したように，CO_2 分子には 2 種類の変角振動があり（図 9.5 参照），二酸化炭素は水蒸気の約 2 倍の 8.02 J の熱エネルギーを変角振動の振動エネルギーとして蓄えることができます。建物に例えると，変角振動の振動エネルギーの 2 階の高さが低いので，室温でも熱エネルギーを並進エネルギーに変え，並進エネルギーの階段を登って，変角振動の振動エネルギーの 2 階に上がることができるという意味です。そのようすを図 9.6 の右向きの矢印で示しました。なお，すでに説明したように，H_2O 分子の変角振動の振動エネルギーの 2 階は高いので，室温では，同様のエネルギー移動はほとんど起こりません（図 8.3 参照）。

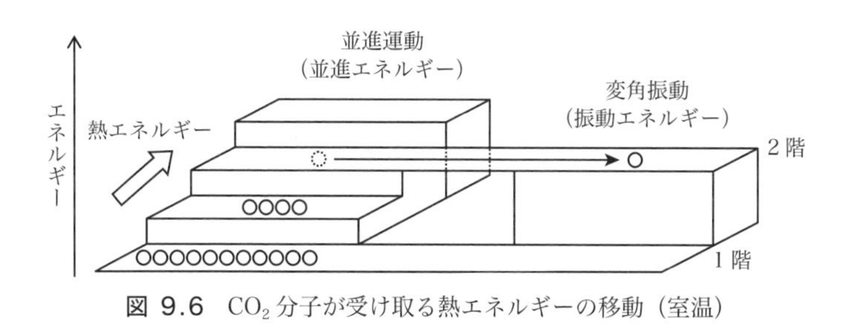

図 9.6　CO_2 分子が受け取る熱エネルギーの移動（室温）

Q 161　変角振動を考慮すると，二酸化炭素の熱容量はどのくらいですか？

二酸化炭素は，温度の上昇に伴う膨張のための仕事エネルギーに 8.31 J の熱エネルギーを使います。また，分子の並進エネルギーの増加に 12.47 J の熱エネルギーを，回転エネルギーの増加に 8.31 J の熱エネルギーを，そして，変角振動の振動エネルギーの増加に 8.02 J の熱エネルギーを使います。したがって，二酸化炭素の温度を 1 ℃上げるためには，合計で 37.11 J（＝8.31 J＋12.47 J＋8.31 J＋8.02 J）の熱エネルギーが必要です（図 9.7）。

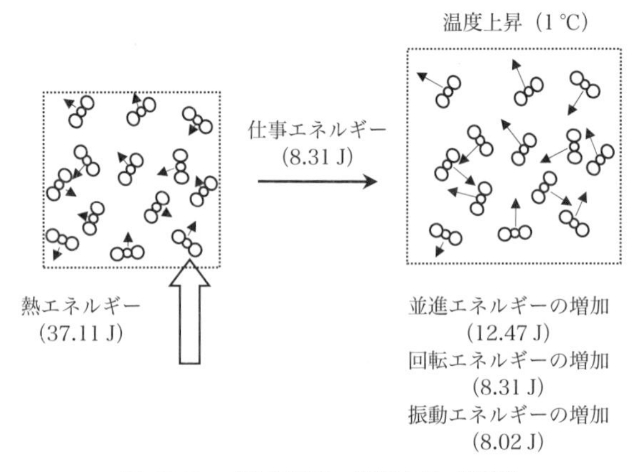

図 9.7　二酸化炭素の温度上昇（室温）

Q 162　二酸化炭素はほかの気体よりも熱エネルギーを蓄えますか？

アルゴン，窒素，酸素，水蒸気，二酸化炭素の 5 種類の気体について，温度を 1 ℃上げるために必要な熱エネルギーを表 9.1 で比べました（物質量は 1 モルです）。Ar 原子には分子内運動がないので，回転エネルギーや振動エネルギーの増加は必要ありません。N_2 分子や O_2 分子には変角振動はありません。非直線分子である H_2O 分子の回転運動は 3 種類で，直線分子の回転運動は 2 種類なので，H_2O 分子に必要な回転エネルギーは 1.5 倍になっています。表 9.1 の合計の値を見るとわかるように，単原子分子よりも二原子分子，二原子分子よりも三原子分子のほうが，気体を 1 ℃上げるために必要な熱エネルギーは多くなります。その理由は，分子を構成する原子の数が増えて，分子の形が

表 9.1　気体の温度を 1 ℃上げるために必要な熱エネルギー[1)]

気　体	膨　張	並進運動	回転運動	変角振動	合　計
アルゴン	8.31	12.47	0.0	0.0	20.78
窒　素	8.31	12.47	8.31	0.0	29.09
酸　素	8.31	12.47	8.31	0.0	29.09
水蒸気	8.31	12.47	12.47	3.86[2)]	37.11
二酸化炭素	8.31	12.47	8.31	8.02[3)]	37.11

[1)] 単位は J。 [2)] 107 ℃での値。 [3)] 25 ℃での値。

複雑になると，熱エネルギーを蓄える分子運動の種類の数が増えるからです。言い換えると，**気体の温度上昇の値は並進エネルギーが増える量で決まり，回転エネルギーや振動エネルギーが増えても，温度上昇の値には関係しません。**なお，変角振動の振動エネルギーの増加は温度に依存します。気体の水蒸気は100 ℃以下では液体の水になってしまうので，高温（107 ℃）での値を示しました。一方，二酸化炭素については室温（25 ℃）での値を示しました。

Q 163　二酸化炭素を含む大気は温まりにくいのですか？

混合気体の熱容量は，含まれる気体の熱容量と物質量の割合（モル分率）で決まります。熱容量の大きい二酸化炭素が大気に含まれると，大気の熱容量は大きくなります。つまり，大気の温度を 1 ℃上げるために必要な熱エネルギーが多くなり，温度が上がりにくくなります。大気を構成する分子の並進エネルギーを，CO_2 分子が変角振動の振動エネルギーとして蓄えるからです（図 9.6 参照）。逆にいえば，**二酸化炭素を含まないと，大気の温度は上がりやすくなります。**これは，ほとんど水蒸気を含まない砂漠の大気の熱容量は小さく，温度が上がりやすいことと同じですね（7.4 節参照）。二酸化炭素は，大気が地表との衝突によって受け取る熱エネルギー，人間活動で生み出される熱エネルギー，自然現象で発生する熱エネルギーなどを蓄えることができます。つまり，二酸化炭素は熱容量が大きく，熱吸収材としての役割を果たします。

9章のまとめ

1. ドライアイスは二酸化炭素の固体であり，気体になるときに大気のエネルギーを受け取るので，ドライアイスのまわりの大気の温度が下がります。
2. 気体の二酸化炭素は，室温でも圧力を高くすると液体になります。液化するためには熱エネルギーを放出する必要があり，まわりの大気の温度は上がります。
3. CO_2 分子の運動には，3 種類の並進運動，2 種類の回転運動と 4 種類の振動運動があります。
4. CO_2 分子の振動運動には，2 種類の伸縮振動と 2 種類の変角振動があります。
5. 二酸化炭素の室温での熱容量は，CO_2 分子の並進運動，回転運動と変角振動を考慮すると説明できます。
6. 気体の熱容量は，構成する分子が複雑になるにつれて，熱エネルギーを蓄える分子運動の種類の数が増えて，大きくなります。
7. 大気が二酸化炭素を含むと，大気の熱容量は大きくなり，大気は温まりにくく冷めにくくなります。
8. 二酸化炭素は，大気が地表との衝突によって受け取る熱エネルギー，人間活動で生み出される熱エネルギー，自然現象で発生する熱エネルギーなどの熱吸収材としての役割を果たします。

10 章　CO_2 分子は赤外線を吸収する

この章では，CO_2 分子に電磁波が当たったときに，CO_2 分子が電磁波を吸収，散乱，放射するかどうかを説明します。また，大気に含まれる二酸化炭素が大気の温度を上げるかどうかを調べるために，CO_2 分子による赤外線吸収の経路と，地表による赤外線吸収の経路を比較します。

10.1　CO_2 分子に電気的な偏りができる

Q 164　CO_2 分子に電気双極子モーメントはありますか？

9.3 節で説明したように，CO_2 分子は直線分子です。中心の C 原子に対して，左右に対称的に O 原子が結合しています。C 原子と O 原子は電子を引っ張る力が少し違うので，8.1 節で説明したように，二つの C=O 結合のそれぞれには，電気的な偏りを表す結合モーメント（→）があります（図 10.1)。二つの結合モーメントの大きさは同じですが，方向は逆になります。そうすると，結合モーメントのベクトル和はゼロベクトルとなるため，CO_2 分子には電気双極子モーメントはありません。

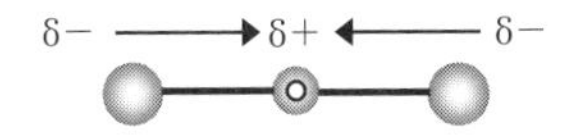

図 10.1　CO_2 分子の結合モーメント（→）と電気双極子モーメント

Q 165　対称伸縮振動で電気双極子モーメントは生まれますか？

CO_2 分子が対称伸縮振動をしたとしましょう。振動運動に伴って，CO_2 分子の形が変わります。分子の形が変わると，結合モーメントが変わります。結合モーメントの大きさは，“結合の距離と電荷の大きさの掛け算”で表されるからです。同じ大きさの電荷でも，正の電荷と負の電荷が遠くにあると，結合モーメントが大きくなるという意味です。したがって，伸縮振動でC=O結合の距離が変われば，結合モーメントの大きさは変わります。しかし，対称伸縮振動では，C=O結合の距離が左右対称に同じように伸びたり縮んだりするので，二つの結合モーメントの大きさが同じように変わります。そして，二つの結合モーメントの方向が逆なので，ベクトル和はつねにゼロベクトルになります。つまり，CO_2分子は対称伸縮振動をして分子の形が変わっても，電気双極子モーメントは生まれません（図10.2a）。CO_2分子は，対称伸縮振動をしても電磁波を感じることはなく，電磁波を無視して吸収しません。

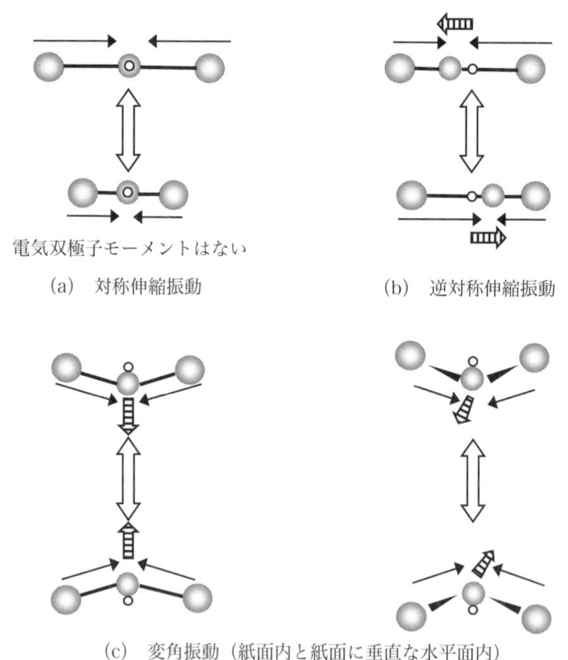

図 10.2 CO_2分子の振動運動と誘起電気双極子モーメント（⇨）

Q 166　そのほかの振動運動で電気双極子モーメントは生まれますか？

結合モーメントの大きさは，結合の距離が長くなれば大きく，短くなれば小さくなります。そうすると，逆対称伸縮振動では左右の結合モーメント（→）の大きさが異なるようになるから，結合モーメントのベクトル和で表される電気双極子モーメント（⇨）が，結合軸の方向に生まれます（図 10.2b）。これを**誘起電気双極子モーメント**といいます。また，変角振動をすると，二つの結合モーメントの方向が，変角振動をする前の結合軸の方向に対して斜めになります。その結果，二つの結合モーメントのベクトル和で表される電気双極子モーメントが，紙面内と紙面に垂直な面内に生まれます（図 10.2c）。

10.2　CO_2 分子の赤外線吸収スペクトルとは

Q 167　CO_2 分子は電磁波を吸収しますか？

一般的に，分子はマイクロ波を吸収すると，そのエネルギーを回転エネルギーとして蓄えます。しかし，CO_2 分子には電気双極子モーメントがないので，マイクロ波を吸収しません。また，CO_2 分子が回転運動をしても，二つの C=O 結合の距離は変わりません。そうすると，二つの結合モーメントの大きさが変わらず，また，つねに方向が逆なので，電気双極子モーメントは生まれません。一方，CO_2 分子が逆対称伸縮振動や変角振動をすると，電気双極子モーメントが生まれるので（図 10.2 参照），ある特定の赤外線を吸収します。

Q 168　CO_2 分子の赤外線吸収スペクトルを見られますか？

CO_2 分子の赤外線吸収スペクトルを図 10.3 に示します（139 ページ，補足 9）。670 cm^{-1} 付近の赤外線は，CO_2 分子によって吸収されて，変角振動の振動エネルギーとして蓄えられます。9.3 節で説明したように，変角振動には，紙面内と紙面に垂直な水平面内での振動運動があります。これらの変角振動は，運動の方向が違うだけで同じ種類の振動運動なので，振動エネルギーは変わりません。したがって，どちらの変角振動でも，同じ 670 cm^{-1} 付近の赤外線を吸収します。また，2350 cm^{-1} 付近の赤外線は，CO_2 分子によって吸収されて，逆対称伸縮振動の振動エネルギーとして蓄えられます。

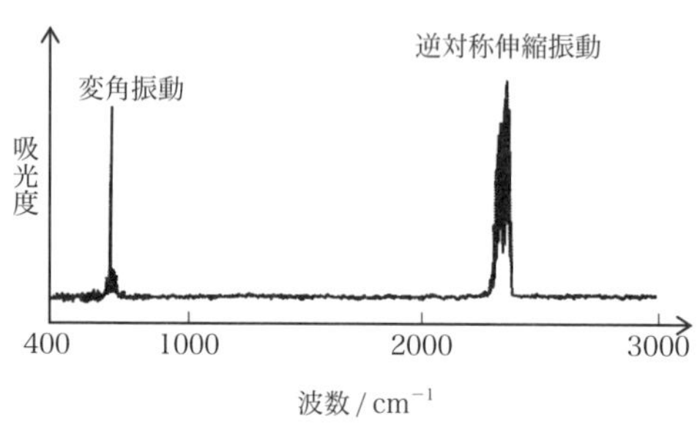

図 10.3　CO_2 分子の赤外線吸収スペクトル

Q 169　どうして吸収される赤外線は分子によって異なるのですか？

変角振動に関しては，H_2O 分子は 1600 cm^{-1} 付近の赤外線を吸収し（図 8.3 参照），CO_2 分子は 670 cm^{-1} 付近の赤外線を吸収します。また，逆対称伸縮振動に関しては，H_2O 分子は 3800 cm^{-1} 付近の赤外線を吸収し（図 8.3 参照），CO_2 分子は 2350 cm^{-1} 付近の赤外線を吸収します。これらの違いは分子運動を考えるとわかります。CO_2 分子の振動運動では，おもに C 原子または 2 個の O 原子が動きます。一方，H_2O 分子では，おもに 2 個の H 原子が動きます。一般的に，変角振動でも伸縮振動でも，質量の大きい原子が振動運動をすると，吸収する赤外線の振動数は低く，エネルギーは小さくなります。

Q 170　CO_2 分子は対称伸縮振動で赤外線を吸収しませんか？

対称伸縮振動では電気双極子モーメントが生まれないので，赤外線を吸収することはありません。したがって，図 10.3 の赤外線吸収スペクトルでは見ることができません。なお，赤外線吸収スペクトルではわかりませんが，ほかの実験で，対称伸縮振動の振動エネルギーが約 1330 cm^{-1} であることがわかっています。対称伸縮振動では 2 個の O 原子は動きますが，質量中心にある C 原子は空間を動く必要がないので，対称伸縮振動の振動エネルギーは逆対称伸縮振動よりも小さくなります。

Q 171　二酸化炭素は赤外線を吸収すると温度が上がりますか？

CO_2 分子が 670 cm^{-1} 付近の赤外線や 2350 cm^{-1} 付近の赤外線を吸収すると，赤外線のエネルギーは変角振動や逆対称伸縮振動の振動エネルギーに変わります。しかし，CO_2 分子の振動エネルギーが増えても，二酸化炭素の温度は上がりません。すでに説明したように，振動エネルギーは分子内運動のエネルギーだからです（6.3 節参照）。もしも，CO_2 分子の振動エネルギーが並進エネルギーに変われば，二酸化炭素の温度は上がります。建物に例えて説明すると，図 10.4 の 2 階に示した左向きの矢印のようになります。このエネルギー移動は，図 9.6 の 2 階に示した右向きの矢印（並進エネルギー → 振動エネルギー）とは逆向きです。エネルギーの大きさが同じ水平方向のエネルギー移動なので，実際には，右向きと左向きの両方のエネルギー移動が起こっていると考えられます。なお，同じ CO_2 分子の中のエネルギー移動なので，2 階に示した矢印を破線ではなく，実線で描いています（図 8.6 参照）。

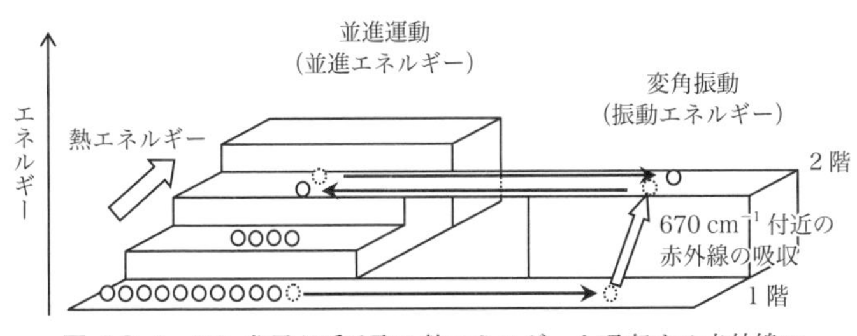

図 10.4　CO_2 分子が受け取る熱エネルギーと吸収する赤外線のエネルギーの移動

Q 172　どちらのエネルギー移動がおもに起こりますか？

仮に，2 階に示した左向きのエネルギー移動がおもに起こるとしましょう。そうすると，CO_2 分子は赤外線の吸収でも並進エネルギーが増えることになるので，少ない熱エネルギーで二酸化炭素の温度を 1 ℃上げることができるはずです。つまり，二酸化炭素の熱容量は，赤外線を吸収しない窒素や酸素よりも小さくなるはずです。しかし，表 9.1 に示したように，二酸化炭素の熱容量は窒素や酸素よりも大きく，また，CO_2 分子による赤外線の吸収をまったく考慮しなくても，理論的に正確に再現できることがわかっています（139 ページ，補足 10）。したがって，たくさんの量の赤外線を人為的に当てない限り，2 階に示した右向きのエネルギー移動（並進エネルギー → 振動エネルギー）がおもに起こっていると考えられます。670 cm^{-1} 付近の赤外線の吸収だけでなく，2350 cm^{-1} 付近の赤外線の吸収を含めて，2 階に示した左向きのエネルギー移動（振動エネルギー → 並進エネルギー）は，熱容量を測定する実験のような自然の状態の赤外線の量では，無視できると思われます。

10.3　二酸化炭素は大気の温度に影響する

Q 173　CO_2 分子は夜間にどのくらいの赤外線を吸収しますか？

夜間には，太陽から地球に届く電磁波はありませんが，地表からは赤外線が放射されています。大気に含まれる CO_2 分子が夜間に吸収する赤外線の量を考えるためには，地表から放射される赤外線の量を調べる必要があります。図 8.5 と同様に，図 4.1b のグラフの横軸の単位を波数（cm^{-1}）に変換して，図 10.3 の CO_2 分子の赤外線吸収スペクトルと重ねてみましょう。図 10.5 に示し

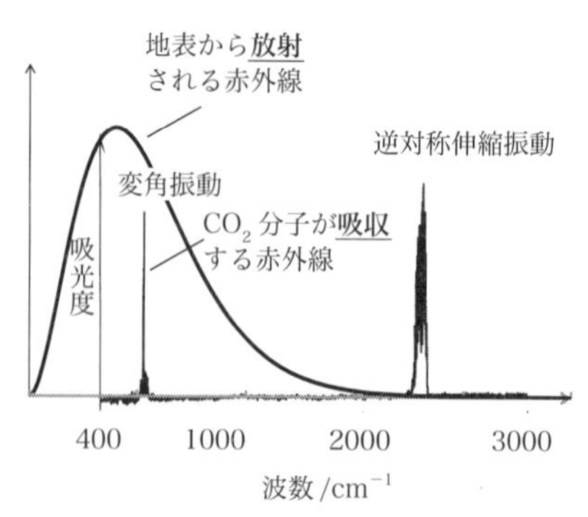

図 10.5　CO_2 分子が吸収する地表からの赤外線

た二つのスペクトルの重なりから，ほとんどの赤外線は吸収されませんが，670 cm^{-1} 付近の赤外線が CO_2 分子によって吸収されることがわかります。一方，2350 cm^{-1} 付近の赤外線は，地表からはほとんど放射されていないので，夜間に CO_2 分子が 2350 cm^{-1} 付近の赤外線を吸収して，逆対称伸縮振動の振動エネルギーとして蓄えることはありません。建物に例えて説明すると，同じ CO_2 分子でも低い 2 階（変角振動）と高い 2 階（逆対称伸縮振動）があり，地表から放射される赤外線のエネルギーは大きくないので，高くジャンプすることができず，低い 2 階にしか上がれないようなものです（図 10.6）。

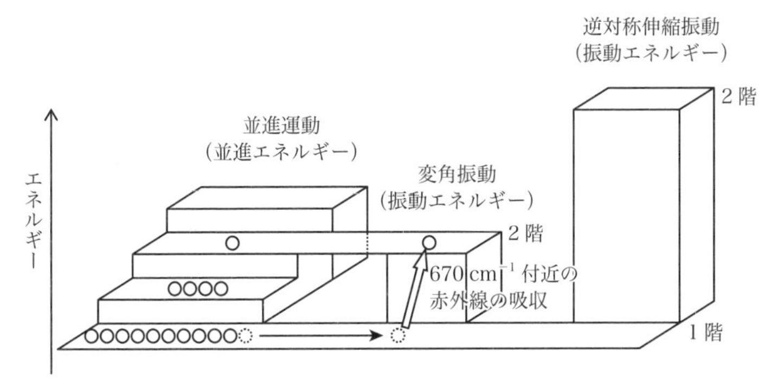

図 10.6　CO_2 分子が吸収する赤外線のエネルギー（夜間）

大気の中の二酸化炭素が，地表から放射される 670 cm^{-1} 付近の赤外線を強く吸収するスペクトル†を見たことはありませんか。このようなスペクトルは大気の上端（100 km，3.5 節参照）で測定されたものです。スペクトルは分子の数が多ければ多いほど強い吸収となります。気温は地表から 1.5 メートルの位置で測定する大気の温度です（1.1 節参照）。仮に地表から 100 メートルまでの大気が気温に関係しているとすると，二酸化炭素が吸収する 670 cm^{-1} 付近の赤外線の量は，大気の密度の違いを考慮しなければ，単純に計算して，1/1000（＝100 m / 100 km）になります。地表から 100 メートルの位置でスペクトルを測定すれば，二酸化炭素の量が少なく，二酸化炭素による赤外線の吸

† たとえば，天文学辞典，日本天文学会ホームページ https://astro-dic.jp/greenhouse-effect/

収はわからないという意味です。また，大気の上端で測定されたスペクトルでは，二酸化炭素の吸収する赤外線の範囲が広くなって，強調されています。これは，スペクトルの横軸の変数を波数（cm^{-1}）ではなく，波長（μm）にしているからです（139 ページ，補足 9）。そのために，波長の長い赤外線の領域の吸収が強調されます。

Q 174　CO_2 分子は夜間に大気の温度に影響しますか？

H_2O 分子とは異なり，大気に含まれる CO_2 分子の量はとても少なく，また，分子間の結合（ファンデルワールス結合）が水素結合よりもとても弱いので，二酸化炭素の粒やドライアイスのような固体になることはありません。つまり，CO_2 分子は赤外線を散乱しませんし（3.5 節参照），また，反射もしません（8.4 節参照）。そうすると，地表から放射されたほとんどすべての赤外線は，CO_2 分子によって地表に直接もどってくることはありません。その結果，大気に二酸化炭素が含まれていても，曇った夜のように，地表の温度が下がりにくくなることはありませんし，地表付近の大気の温度が下がりにくくなることもありません（図 10.7）。なお，CO_2 分子が吸収する赤外線を再放射する影響については，10.5 節の最後に説明します。

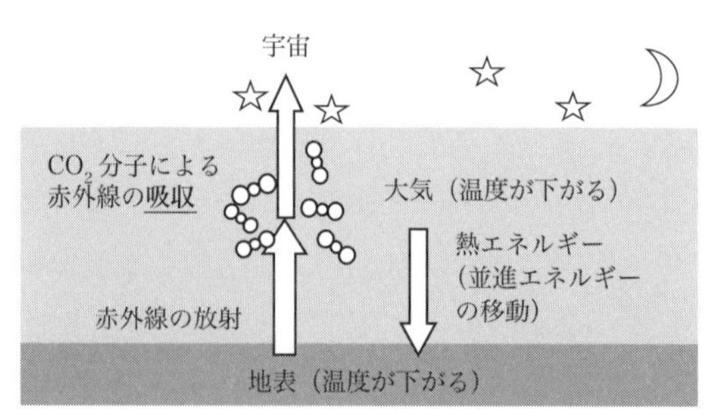

図 10.7　CO_2 分子による赤外線の吸収と大気の温度（夜間）

Q 175　CO_2 分子は昼間に大気の温度に影響しますか？

昼間には，さまざまな電磁波が太陽から地球に届きます（図 2.4a 参照）。CO_2 分子は H_2O 分子と同様に色がついていないので，可視光線を吸収しません。しかし，図10.3の赤外線吸収スペクトルで示したように，670 cm^{-1}付近の赤外線を吸収して，変角振動の振動エネルギーとして蓄えます。また，2350 cm^{-1}付近の赤外線を吸収して，逆対称伸縮振動の振動エネルギーとして蓄えます。さらに，CO_2分子は振動数の低い赤外線を散乱しませんが，大気の分子（N_2分子，O_2分子，H_2O分子，Ar原子）と同様に，太陽から届く振動数の高い可視光線（青色の光など）を散乱します。散乱される1個の可視光線のエネルギーは，吸収される10個以上の赤外線のエネルギーに相当します。可視光線の散乱と赤外線の吸収のために，CO_2分子が大気に含まれると，地表が受け取る電磁波のエネルギーは少なく，地表の温度は上がりにくく，地表とエネルギーをやり取りしている地表付近の大気の温度も上がりにくくなります（図10.8）。

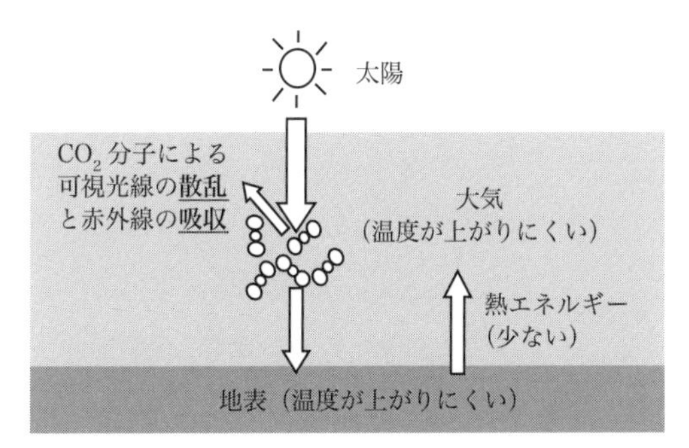

図 10.8　CO_2分子による可視光線（青色の光など）の散乱と赤外線の吸収と大気の温度（昼間）

10.4　熱エネルギーは振動エネルギーに変わる

Q 176　振動エネルギーは大気の分子の並進エネルギーに変わりますか？

大気に含まれるCO_2分子が赤外線を吸収すると，大気の温度が上がるかどうかを考えてみましょう。CO_2分子の吸収した赤外線のエネルギーは，CO_2分子の振動エネルギーに変わります。そして，分子間の衝突によってエネルギー移動が起こり，大気の分子（N_2 分子や O_2 分子など）の並進エネルギーに変わる可能性があります。建物に例えて説明してみましょう。図 10.9 の左側には，CO_2 分子ではなく，大気の分子（N_2 分子や O_2 分子など）の並進エネルギーの階段を描き，右側に CO_2 分子の変角振動の振動エネルギーの 1 階と 2 階を描きました。CO_2 分子の数は大気の分子の数の 2500 分の 1 です。本当は，左側に 2500 個の○を描き，右側に 1 個の○を描きたいのですが，現実には無理です。そこで，説明のために，仮に，左側に○の数の合計を 16 個として，右側に 1 個の CO_2 分子を描きました。CO_2 分子は 670 cm^{-1} 付近の赤外線を吸収して，1 階から 2 階にジャンプして，赤外線のエネルギーを変角振動の振動エネルギーに変えます。そして，大気の分子（N_2 分子や O_2 分子など）との分子間の衝突によって，CO_2 分子の振動エネルギーが大気の分子の並進エネルギーに移動します。図 10.9 では，このエネルギー移動を左向きの破線の矢印で示しました。そうすると，並進エネルギーの階段の上のほうにいる大気の分子（N_2 分子や O_2 分子など）が増えるので，大気の温度は上がることになります。しかし，大気の中の二酸化炭素の量はわずかに 0.04 % です。大気の温度を上げるためには，その 2500 倍にあたる 99.96 % の N_2 分子や O_2 分子などの並進エネルギーを増やす必要があります。なお，図 10.9 では描きませんでしたが，変角振動の振動エネルギーを N_2 分子あるいは O_2 分子に渡した CO_2 分子は，2 階から 1 階に飛び降りることになります（図 8.6 参照）。

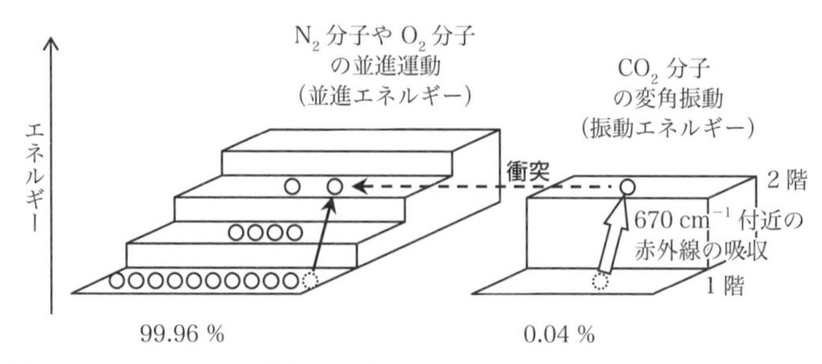

図 10.9　CO_2 分子が吸収する赤外線のエネルギーの大気の分子への移動

Q 177 熱エネルギーは CO_2 分子の振動エネルギーに変わりますか？

大気の中では，図 10.9 とは逆のエネルギー移動が容易に起こります（図 10.10）。大気の分子（N_2 分子や O_2 分子など）は熱エネルギーを受け取ると，そのエネルギーを並進エネルギーに変えて，並進エネルギーの階段を登ります。そして，階段の上のほうに到達した大気の分子は，CO_2 分子との衝突によって，並進エネルギーを CO_2 分子の変角振動の振動エネルギーの 2 階に移動させます（図 10.10 の右向きの破線の矢印）。この場合には，大気が受け取った熱エネルギーを，CO_2 分子の変角振動の振動エネルギーとして渡すので，大気の分子（N_2 分子や O_2 分子など）の並進エネルギーが減ったことになります。つまり，9.4 節で説明したように，二酸化炭素の熱容量は大きく，二酸化炭素を含む大気の温度は上がりにくくなります。なお，図 10.10 では描きませんでしたが，並進エネルギーを CO_2 分子に渡した N_2 分子あるいは O_2 分子は，階段の一番下の段に降りることになります。

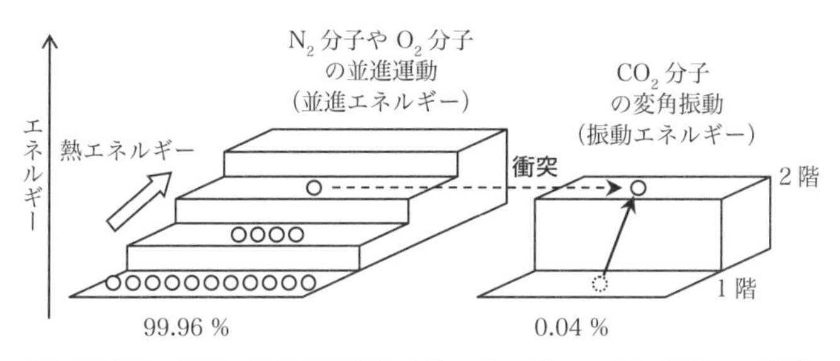

図 10.10　大気の分子が受け取る熱エネルギーの CO_2 分子への移動

Q 178 右向きにエネルギー移動する分子はどのくらいありますか？

大気を構成する分子（N_2 分子や O_2 分子など）の並進エネルギーは，太陽から届く電磁波（ほとんどの赤外線を含む）の吸収で温められた地表との衝突や，人間活動で放出された熱エネルギーや，自然現象で発生する熱エネルギーなどによって増えます。CO_2 分子の変角振動の振動エネルギーと，同じ大きさの並進エネルギーを蓄えている大気の分子の割合を計算してみましょう。変角振動の2階の高さと同じ高さの並進エネルギーの段にいる N_2 分子や O_2 分子の割合を計算するという意味です。そのためには，**ボルツマン分布**を仮定して，気体の温度と変角振動の振動エネルギーを使って見積もることができます。詳しい計算は省略しますが（139ページ，補足11），室温（25 ℃）で，670 cm^{-1} の赤外線のエネルギーと同じ大きさの並進エネルギーを蓄えている N_2 分子や O_2 分子は約4 %になります。大気に含まれる CO_2 分子（約0.04 %）の100倍です。CO_2 分子の1 %が赤外線を吸収したとすれば，10000倍です。分子同士が1秒間に約1億回も衝突している熱平衡状態では（6.5節参照），図10.10のエネルギー移動（大気の分子 ⟶ CO_2 分子）に比べて，図10.9のエネルギー移動（CO_2 分子 ⟶ 大気の分子）は無視できると思われます。

10.5　2通りの赤外線吸収の経路がある

Q 179　赤外線の吸収で大気の温度を上げる経路は何通りですか？

大気に含まれる CO_2 分子は，昼間には太陽から届く赤外線の一部を吸収して，赤外線のエネルギーを振動エネルギーに変えます。仮に，分子間の衝突によって振動エネルギーが移動し，大気の分子の並進エネルギーを増やすことができたとしましょう（図10.9参照）。しかし，すでに10.3節で説明したように，CO_2 分子が太陽から届く赤外線の一部を吸収すると，地表は温まりにくくなります。地表が温まりにくくなると，地表付近の大気も温まりにくくなります。逆にいえば，**大気に二酸化炭素が含まれていなければ，太陽から届く赤外線のほとんどが地表に吸収されます。そして，地表を構成する粒子の粒子間の振動エネルギーを経て，赤外線のエネルギーが大気の分子の並進エネルギーになり，地表付近の大気の温度が上がります。**結局，太陽から届く赤外線のエネルギーが，CO_2 分子を経由するか（図10.11の経路①），あるいは，地表を経由するか（図10.11の経路②）の違いであって，大気に二酸化炭素が含まれていても含まれていなくても，太陽から届く赤外線のエネルギーは大気の分子の並進エネルギーに変わって，大気の温度を上げると考えられます。

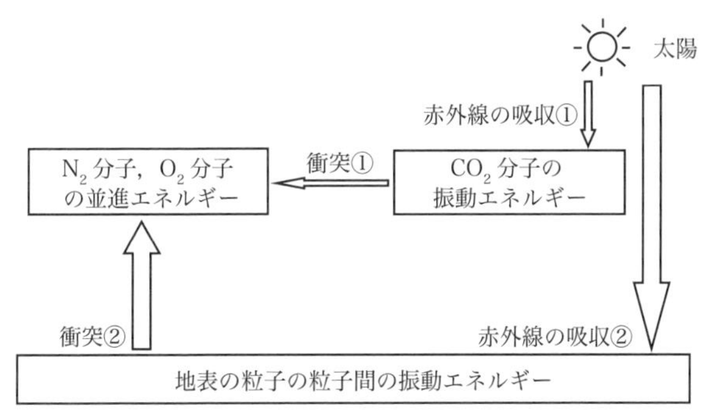

図 10.11　太陽から届く赤外線の吸収によって大気を温める経路 ①と経路 ②

Q 180　どちらの経路でおもに大気の温度が上がりますか？

大気の温度がどちらの経路でどのくらい上がるのかは，大気に含まれる二酸化炭素の量に依存します。地球温暖化のモデル実験の結果を使って考えてみましょう。たとえば，太陽を白熱電球で，宇宙空間をジュワー瓶（ガラスの魔法瓶のようなもの）の真空部分で，地球を黒く塗ったコルク板で代用します。ジュワー瓶の中に気体（窒素あるいは二酸化炭素）とコルク板を入れて，気体の温度上昇を測定します。ある実験結果†では，窒素をジュワー瓶に入れて 500 ワットの白熱電球の光を 10 分間照射すると，温度は 20 ℃から 42.5 ℃に上昇し，代わりに二酸化炭素を入れると 43.1 ℃に上昇しました。窒素は赤外線を吸収しないから，温度上昇は気体（大気）とコルク板（地表）との衝突（経路 ②）によるものです。一方，二酸化炭素は赤外線を吸収するので，経路 ①と経路 ②の両方が考えられます。もしも，白熱電球で温められたコルク板（地表）の温度が窒素でも二酸化炭素でも同じであるとすると，気体（大気）とコルク板がやり取りする熱エネルギーは同じでも，二酸化炭素の熱容量は窒素よ

† 芹澤嘉彦，奥沢 誠，群馬大学教育実践研究，30，17-25 (2013).

りも大きいので，経路②による二酸化炭素の温度上昇は窒素よりも小さくなるはずです。窒素と二酸化炭素の熱容量の値（表 9.1）を使って，経路②の温度上昇による二酸化炭素の温度を計算すると，37.6 ℃ ［＝(42.5 ℃－20 ℃)×(29.09 / 37.11)＋20 ℃］となります。2 番目の括弧が窒素と二酸化炭素の熱容量の比を表します。そうすると，実験結果との温度差 5.5 ℃（＝43.1 ℃－37.6 ℃）が赤外線の吸収による温度上昇（経路①）と考えられます。横軸に二酸化炭素のモル分率をとって，以上の結果をグラフで示すと，図 10.12 のようになります。左端は純粋な窒素を表し，右に進むにつれて二酸化炭素の含まれる割合が増え，右端は純粋な二酸化炭素の温度上昇を表します。実際の大気に含まれる二酸化炭素の量は約 0.04 % なので，二酸化炭素のモル分率は 0.0004 です。つまり，モル分率はほとんど 0 なので，実際の大気では，経路①の寄与は無視できることがわかります。

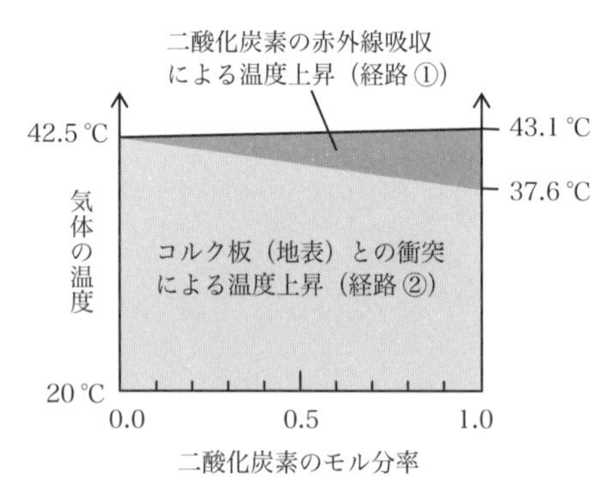

図 10.12　強い白色光を人為的に当てたときの気体の温度上昇のモル分率依存性

Q 181　CO_2 分子は赤外線を放射しますか？

最後に，夜間に地表から放射される赤外線を吸収して振動エネルギーを蓄えた CO_2 分子が，赤外線を放射する可能性を考えてみましょう。建物に例えて説明すると，変角振動の振動エネルギーの 2 階から 1 階に飛び降りることを意味します。もしも，CO_2 分子が赤外線を吸収して放射するならば，大気の分子（N_2 分子や O_2 分子など）の並進エネルギーは増えないので，大気の温度は上がりません。もしも，分子同士の衝突によって，大気の分子の並進エネルギーを振動エネルギーとして蓄えたCO_2分子が赤外線を放射するならば，大気の分子の並進エネルギーが減るので，むしろ，大気の温度は下がります。

散乱と同様に，赤外線はCO_2分子のまわりのあらゆる方向に放射されるので，地表に向かった赤外線の一部は地表に吸収されて，地表の粒子の粒子間の振動エネルギーとなります。そこに大気の分子が衝突して並進エネルギーを増やせば，大気の温度は上がることになります。しかし，すでに説明したように，大気の分子の並進エネルギーは，分子同士の衝突によって，赤外線を放射したCO_2分子の振動エネルギーになります。結局，図 10.13 に示したように，CO_2分子から放射される赤外線のエネルギーは，

CO_2分子 ⟶ 地表 ⟶ 大気 ⟶ CO_2分子 ⟶ 地表 ⟶ 大気 ⟶ …

と循環するたびに，半分以上が宇宙に放出されます。また，CO_2分子が放射する赤外線が地表に吸収されると，地表は粒子の粒子間の振動エネルギーの一部をさまざまな波数の赤外線に変えて放射します。しかし，ほとんどの赤外線はCO_2分子が吸収できない波数の赤外線であり，結局，CO_2分子が放射する赤外線のエネルギーのほとんどが宇宙に放出されます。

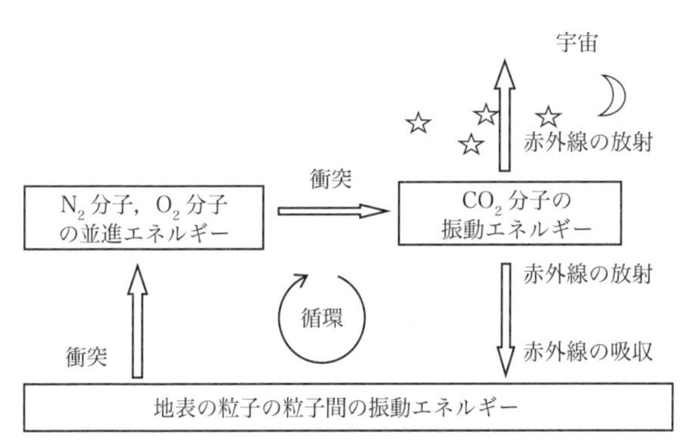

図 10.13 CO_2分子が放射する赤外線のエネルギーの移動

10章のまとめ

1. CO_2 分子のそれぞれの C=O 結合には，電荷の偏りを表す結合モーメントがあります。
2. CO_2 分子の二つの結合モーメントのベクトル和はゼロベクトルになるので，CO_2 分子には電気双極子モーメントはありません。
3. CO_2 分子は逆対称伸縮振動や変角振動によって，電気双極子モーメントが生まれます。
4. CO_2 分子は昼間に 670 cm^{-1} 付近の赤外線と 2350 cm^{-1} 付近の赤外線を吸収し，夜間に 670 cm^{-1} 付近の赤外線を吸収し，振動エネルギーとして蓄えます。
5. 大気に含まれる CO_2 分子の振動エネルギーが，N_2 分子や O_2 分子などの並進エネルギーに変わると，大気の温度は上がります。
6. 大気に含まれる CO_2 分子は，赤外線を吸収しなくても，N_2 分子や O_2 分子などとの衝突によって，振動エネルギーを蓄えます。
7. N_2 分子や O_2 分子の並進エネルギーが，大気に含まれる CO_2 分子の振動エネルギーに変わると，大気の温度は下がります。
8. 大気に含まれる CO_2 分子が赤外線を放射すると，N_2 分子や O_2 分子の並進エネルギーが CO_2 分子の振動エネルギーに変わり，大気の温度は下がります。

終　章

地球温暖化（大気の温度の上昇）の原因は，大気に含まれる二酸化炭素や水蒸気などによる温室効果であるといわれています。これまでにいわれていることを少しまとめてみましょう。

大気の中に二酸化炭素や水蒸気などが含まれると，それらを構成する CO_2 分子や H_2O 分子などが赤外線を吸収して，**熱がこもり**，大気の温度が上がると考えられています。これは，ちょうど，温室の中で熱がこもって，温室の中の大気の温度が上がり，冬の寒さから野菜などを守る温室に似ているので，温室効果とよばれています。また，赤外線を吸収する二酸化炭素（CO_2 分子）や水蒸気（H_2O 分子）などは，温室効果ガスとよばれています。あるいは，寝るときに布団をかぶると熱がこもり，布団が温かくなるので，地球が布団をかぶったようだと例えられることもあります。

しかし，以上の説明を読んで，この本の読者は何か変だと感じるのではないでしょうか。おそらく，もっとも気になるのは“熱がこもる”という言葉だと思います。“熱がこもる”と表現すると，なんとなく，大気の温度が上がっていると誤解しませんか。この本の読者はすでに理解していると思いますが，熱とか熱エネルギーは物質に付随する（こもる）エネルギーではありません。このことについては1.4節でていねいに説明しました。そうすると，大気に含まれる二酸化炭素の影響を正確に表現するならば，“二酸化炭素を構成する CO_2 分子が赤外線を吸収し，赤外線のエネルギーが CO_2 分子の振動エネルギーに変わり，CO_2 分子の振動エネルギーが増える”となります。

同じ振動エネルギーでも，**気体の分子**の振動エネルギーは，固体の温度を反映する**固体の粒子の粒子間**の振動エネルギーとは，まったく異なる物理量です。6.3節などでていねいに説明しましたが，CO_2 分子の振動エネルギーが増えても，CO_2 分子の振動運動は分子内運動なので，気体の温度は上がりません。たとえば，気体の物質量を1モルとすると，大気の主成分である窒素や酸素は約29 Jのエネルギーで温度が1℃上がりますが，二酸化炭素は，それよりも多い約37 Jのエネルギーで温度が1℃上がります（表9.1参照）。どうしてこのような差ができるのかというと，二酸化炭素は，窒素や酸素と異なり，約8 J（＝37 J－29 J）のエネルギーを振動エネルギーとして蓄えることができるからです。言い換えると，CO_2分子が赤外線を吸収して，振動エネルギーを増やしただけでは，二酸化炭素の温度は窒素や酸素の温度と同じになります。

それでは，気体の温度はどのようにして決まるのかというと，気体を構成する分子の並進エネルギー（空間を移動するエネルギー）の大きさが反映されます。これについては，この本の全般を通して，ていねいに説明しました。もしも，二酸化炭素の温度が窒素や酸素の温度と同じならば，振動エネルギーの大きさはCO_2分子のほうが大きくても，並進エネルギーの大きさはN_2分子やO_2分子と同じになります。つまり，**地球温暖化を防ぐためには，大気の微量成分（約0.04 %）であるCO_2分子の振動エネルギーを減らすことではなく，大気を構成するすべての分子（N_2分子やO_2分子など）の並進エネルギーを減らすことが必要になります。**

温室の中が暖かい理由を考えてみましょう。温室では，たとえば，灯油などを燃焼させてつくった温水を流します。温室の中の大気を構成する分子が温水を流す配管と衝突すれば，並進エネルギーが増えます。並進エネルギーが増えれば，温室の中の大気の温度は上がったことになります。大気を構成する分子（N_2分子，O_2分子，Ar原子）は赤外線を吸収しませんが，さまざまな熱エネルギーを受け取ることができます。まさに，**大気が温室効果ガスであり，大気を構成する分子（N_2分子，O_2分子，Ar原子）の並進エネルギーが増えることが温室効果なのです。**もしも，温室の中で，温水を流さずに二酸化炭素を撒いただけでは，温室の中の大気の温度は上がりませんよね。あるいは，冬の寒い日に，ストーブをつける人はいても，二酸化炭素をまく人はいませんよね。

序章でも述べたように，この本は，ほとんどの物理化学の教科書にのっている内容を，たんに，わかりやすく解説しただけのものです。物理化学を学んだ学生さんは，次のようなもっとも基本的な問題を容易に解くことができます。

(問題 1)　1 モルの大気に 100 J の熱エネルギーを与えると，温度がどのくらい上がりますか。

(問題 2)　1 モルの大気の 1 % を二酸化炭素に置き換えると，同じ 100 J の熱エネルギーで，大気の温度はどのくらい上がりますか。

“二酸化炭素は熱エネルギーを振動エネルギーとして蓄えることができるから，窒素や酸素よりも熱容量が大きい”ことを理解した学生さんは，“二酸化炭素を含む大気の温度のほうが上がりにくい”と答えます。5.2 節で説明したように，熱エネルギーで，大気あるいは二酸化炭素を含む大気の温度がどのくらい上がるのかを実験で確認することは容易です。また，熱エネルギーに関する膨大な実験結果に基づいた物理化学（とくに化学熱力学）という学問体系も，すでに完成されています。

最後に，地球温暖化を正しく理解するうえで重要な点を以下にまとめます。

大気（気体）の温度とは（1 章参照）

大気の温度は，大気のエネルギーではなく，大気を構成する分子の並進エネルギー（内部エネルギー）を反映します。分子の並進エネルギーが大きければ大気の温度は高く，分子の並進エネルギーが小さければ大気の温度は低くなります。物質としての大気が空間を移動する運動エネルギー（外部エネルギー）は温度に反映されません。

気体の分子の運動とは（6 章，7 章参照）

気体の分子の運動には，分子が空間を移動する並進運動と，くるくると回転する回転運動と，結合の距離が伸びたり縮んだり，結合角が広くなったり狭くなったりする振動運動があります。回転運動と振動運動は分子内運動です。気体の温度は分子の並進運動のエネルギーの大きさを反映し，分子内運動のエネルギーが増えても，温度は上がりません。

気体の分子による電磁波の散乱とは（3 章参照）

大気を構成する分子（N_2 分子，O_2 分子，Ar 原子）と同様に，大気に含まれ

る CO_2 分子は振動数の高い可視光線（青色の光など）を散乱するので，地表を温めにくくする物質です。大気に含まれる CO_2 分子が増えて，CO_2 分子による可視光線の散乱のために地表の温度が下がれば，地表と衝突してエネルギーを受け取る大気の温度も下がります。

気体の分子による電磁波の吸収とは（3 章，10 章参照）

大気を構成する分子（N_2 分子，O_2 分子，Ar 原子）には電気双極子モーメントがないので，基本的に電磁波を吸収しません。CO_2 分子は逆対称伸縮振動や変角振動などの振動運動をすると，電気双極子モーメントが生まれ，ある特定の赤外線を吸収します。ただし，赤外線のエネルギーが大気を構成するすべての分子の並進エネルギーに変わらなければ，大気の温度は上がりません。

CO_2 分子が振動エネルギーを蓄える方法とは（9 章参照）

大気に含まれる CO_2 分子は，赤外線の吸収ではなく，N_2 分子や O_2 分子などとの衝突によって，熱エネルギーを変角振動の振動エネルギーとして蓄えます。その結果，二酸化炭素の熱容量は大気の分子（N_2 分子，O_2 分子，Ar 原子）よりも大きくなり，二酸化炭素を含む大気は温まりにくくなります。二酸化炭素は熱吸収材の役割を果たします。

大気の温度を上げる赤外線のエネルギーとは（10 章参照）

もしも，大気の中に二酸化炭素が含まれなかったとしたら，昼間に CO_2 分子が吸収するはずだった赤外線のエネルギーは地表に吸収され，地表を構成する粒子の粒子間の振動エネルギーに変わり，地表の温度は上がります。地表の温度が上がれば，大気を構成する分子は地表と衝突してエネルギーを受け取り，並進エネルギーが増えて，大気の温度が上がります。

大気の温度を上げる熱エネルギー源とは（2 章，5 章参照）

大気を構成する分子は，赤外線を吸収しなくても，地表との衝突によってエネルギーを受け取り，並進エネルギーを増やし，大気の温度は上がります。また，燃焼で放出される化学エネルギー，原子力発電で放出される核エネルギー，電気製品を使用したときの電気エネルギーなど，人間活動によって放出されるエネルギーが，大気の温度を上げる熱エネルギー源となります。

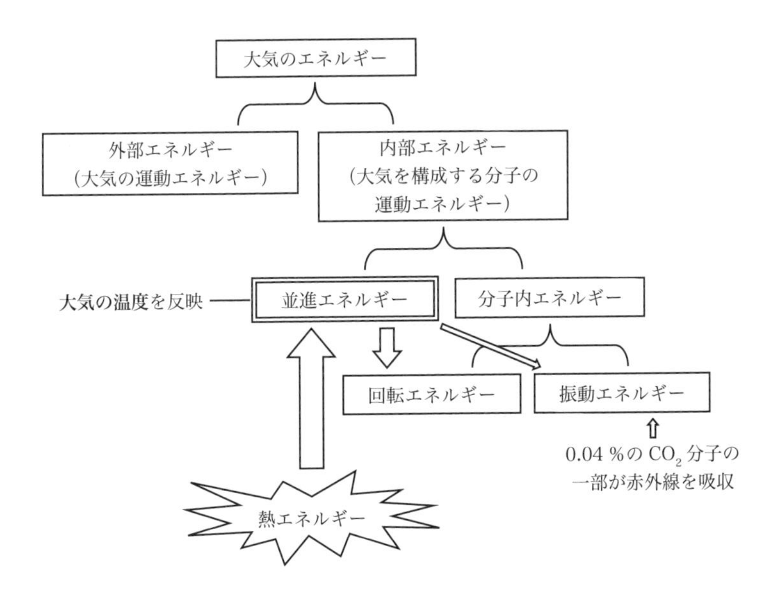

あとがき

この本を読んでみて，いかがでしたか。1章から5章では，“熱”や“温度”に関する身近な自然現象を，分子や粒子の運動で説明しました。物質のエネルギーではなく，分子や粒子の運動エネルギーで考えると，これまでになぜだろうかと疑問に思っていた現象を，すっきりと理解できたのではないでしょうか。また，6章から10章では，大気に含まれる水蒸気や二酸化炭素が，大気の温度にどのような影響を与えるのかを，分子の運動エネルギーを使って，わかりやすくていねいに説明しました。専門的な内容を理解しやすくするために，建物に例えて説明しましたが，そのために，残念なことに，少し厳密さに欠けたところもありました。ちゃんと理解したいと思う読者は，ぜひ，140ページに掲載した参考図書などで，物理化学の基礎を勉強して欲しいと思います。

最近，科学技術が急速に発展して，日常生活が急速に便利になっています。しかし，便利な社会は膨大なエネルギーの消費を伴っています。人類が自然界にないエネルギーを生み出し，その膨大なエネルギーを消費すれば，必ず，エネルギーの一部が大気に放出されて，地球温暖化は加速されます。二酸化炭素に目を向けるのでなく，人生を謳歌するためのエネルギーの消費をどこまで許容とするのか，議論が必要な時期になっているのかもしれませんね。

付録：大気と地表のエネルギー移動の図

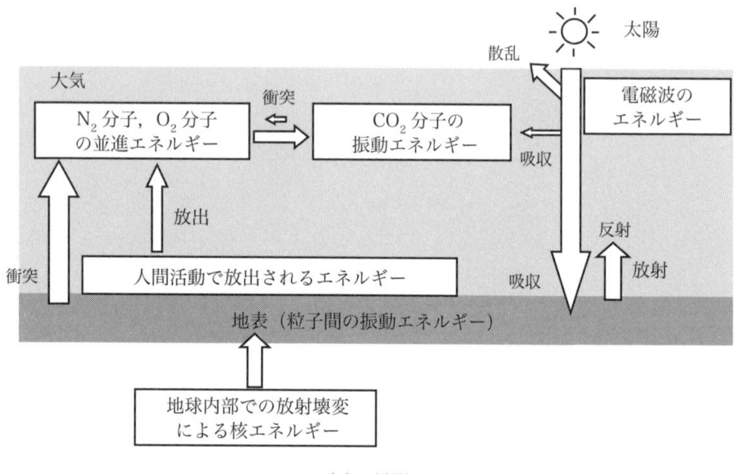

(a)　昼間

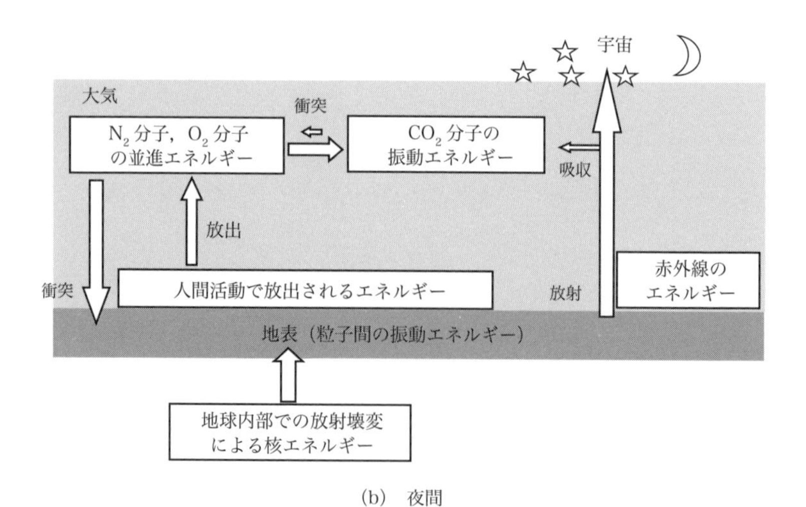

(b)　夜間

補　足

1. 固体の体積（1.2 節）は，He 原子の数と大きさから計算しました（参考図書 2)。
2. 分子の平均の速さ（1.2 節）は，3 次元のマクスウェルの速度分布の式から計算しました（参考図書 2, 5)。
3. 物体から放射される電磁波の強度分布（2.3 節，4.1 節）は，プランクの黒体放射の式から計算した分光エネルギー密度です（参考図書 2, 3)。
4. 水素の燃焼に伴う大気の温度上昇（5.2 節）は，反応エンタルピーから計算しました（参考図書 2, 6)。
5. 容器の中という境界条件を使ってシュレーディンガー方程式を解くと，並進エネルギーも量子化されます（参考図書 3, 5)。
6. 3 次元空間でのマクスウェル-ボルツマンの式では，速さ v を半径とする球の表面積（$4\pi v^2$）を掛け算して積分しているので，本文の分布（6.4 節）とは異なります（参考図書 2, 5)。
7. 大気の中の分子間の衝突時間（6.5 節）は，衝突頻度から計算しました（参考図書 5)。
8. 量子論では伸縮振動を波で考えます（7.3 節)。同位相の対称的な波の重なりを対称伸縮振動といい，逆位相の対称的な波の重なりを逆対称伸縮振動といいます（参考図書 3, 4)。
9. 赤外線吸収スペクトル（8.3 節，10.2 節）は，著者が実験室で測定しました。赤外線のエネルギーは波長に反比例し，波数に比例します。誤解を招かないように，スペクトルの横軸の変数は，波長（μm）ではなく，波数（cm^{-1}）にしました（参考図書 4)。
10. 二酸化炭素の熱容量の理論値（10.2 節）は，並進運動，回転運動，振動運動の分子分配関数から計算しました（参考図書 5, 6)。
11. 振動励起状態（建物の 2 階）の分子の割合（10.4 節）は，ボルツマン分布の式から計算しました（参考図書 5, 6)。

参考図書

・ 初心者向け

1) 中田宗隆,“化学—基本の考え方 13 章（第 2 版）”，東京化学同人（2011）.

2) 中田宗隆，岩井秀人,“高校生にもわかる物理化学”，裳華房（2022）.

・ 中級者向け

3) 中田宗隆,“基礎コース物理化学Ⅰ 量子化学”，東京化学同人（2018）.

4) 中田宗隆,“基礎コース物理化学Ⅱ 分子分光学”，東京化学同人（2018）.

5) 中田宗隆,“基礎コース物理化学Ⅲ 化学動力学”，東京化学同人（2020）.

6) 中田宗隆,“基礎コース物理化学Ⅳ 化学熱力学”，東京化学同人（2021）.

・ 上級者向け

7) 原田義也,“統計熱力学—ミクロからマクロへの化学と物理”，裳華房（2010）.

8) マッカーリ，サイモン,“物理化学——分子論的アプローチ”，東京化学同人（1999）.

・ この本で引用した実験データ

9) 日本化学会編,“化学便覧 基礎編 改訂 5 版”，丸善出版（2004）.

索 引

ゆ・よ

ら

り・れ

著者略歴

中田 宗隆（なかた・むねたか）

1953年愛知県生まれ。理学博士。1981年東京大学大学院博士課程中退。1981年より東京大学助手。1987年より広島大学講師。1989年より東京農工大学助教授。1995年より同大学院教授。2019年より名誉教授。2022年に第47回化学教育賞を受賞。参考図書のほか，“化学結合論”，“演習で学ぶ化学熱力学”（以上，裳華房），“量子化学—基本の考え方16章”，“量子化学—分光学理解のための20章”，“きちんと単位を書きましょう—国際単位系(SI)に基づいて”（以上，東京化学同人）など多数を執筆。

分子科学者がやさしく解説する
地球温暖化 Q&A 181
熱・温度の正体から解き明かす

令和6年3月30日　発　行

著作者　中　田　宗　隆

発行者　池　田　和　博

発行所　丸善出版株式会社
〒101-0051 東京都千代田区神田神保町二丁目17番
編集：電話(03)3512-3263／FAX(03)3512-3272
営業：電話(03)3512-3256／FAX(03)3512-3270
https://www.maruzen-publishing.co.jp

組版印刷・製本／藤原印刷株式会社

ISBN 978-4-621-30918-6 C 3043　　Printed in Japan